Carola Kupfer / Christine Weiner
DAS PIPPILOTTA-PROJEKT

CAROLA KUPFER · CHRISTINE WEINER

DAS PIPPILOTTA PROJEKT

ICH WEISS, WAS ICH WILL –
UND ICH WERDE ES MIR HOLEN

SCHRITT FÜR SCHRITT
ZUM BERUFLICHEN ERFOLG

ARISTON

Bibliografische Information der Deutschen Bibliothek

Die Deutsche Bibliothek verzeichnet diese Publikation in der Deutschen Nationalbibliografie; detaillierte bibliografische Daten sind im Internet unter http://dnb.ddb.de abrufbar.

FSC
www.fsc.org
MIX
Papier aus verantwortungsvollen Quellen
FSC® C083411

Verlagsgruppe Random House FSC® N001967

Redaktion: Swantje Steinbrink
Umschlaggestaltung und Illustration: Eisele Grafik Design, München
Innenillustrationen: Ann-Kathrin Hahn, DAS ILLUSTRAT, München
Satz: Guter Punkt, München
Druck und Bindung: CPI Books GmbH, Leck
Printed in Germany
ISBN: 978-3-424-20127-7
www.ariston-verlag.de

Inhalt

Einleitung

»Was für eine Anmaßung!«

»Sich einfach das holen, was man will …
Als ob das so ohne Weiteres möglich wäre!«

»Pfft.«

So oder so ähnlich lauten die häufigsten Reaktionen, wenn wir von diesem Buch erzählen. Haben Sie nicht auch gerade skeptisch die Augenbrauen hochgezogen?

Zugegeben: Es ist noch längst nicht üblich, die eigene berufliche Entwicklung auch als die eigene Aufgabe zu betrachten. Viele Menschen haben noch nicht erkannt, dass ein Großteil der beruflichen Zufriedenheit der eigenen Gestaltungskraft und dem persönlichen Willen unterliegt. Begriffe wie »Selbstmangement«, »Selbstwirksamkeit« und »eigenverantwortliche Karriere« sickern erst allmählich durch.

Mit Pippilotta wird das anders, denn wenn Pippi etwas richtig gut kann, dann selbstbestimmt den eigenen Weg beschreiten. Befehle von außen weist sie entrüstet von sich oder macht sie zu ihren eigenen. Während andere (an)gespannt auf die Rückmeldungen ihrer Vorgesetzten warten und sich fühlen, als handelte es sich um die Ziehung des Hauptgewinns bei einer Jobtombola, entscheidet Pippilotta selbst, was für sie ein Gewinn ist, und kürt gegebenenfalls Trostpreise zum Jackpot der Saison.

Schon die kleine Pippi Langstrumpf hat erkannt, dass man mitunter einen langen Atem und Nerven wie Drahtseile braucht, wenn man darauf wartet, bis andere Kinder mit einem spielen. Deshalb prescht sie lieber vor. Sie weiß, dass man damit auf der sicheren Seite ist. Und kommt doch einmal eine Initiative von anderen, freut sie sich doppelt und behandelt sie wie ein Geschenk. Die erwachsene Pippi Langstrumpf, von uns Pippilotta genannt, nutzt diese Erkenntnis auch für den Job: Nicht Vorgesetzte und Hierarchien bestimmen, wo es für sie langgeht und welche Bedeutung eine Aufgabe hat. Wenn jemand entscheidet, dann sie selbst.

Genau deshalb haben wir uns noch einmal zusammengesetzt und Pippilotta zu uns gebeten! Seit unserem ersten Buch »Das Pippilotta-Prinzip«[1] hat sich für berufstätige Frauen viel getan, aber wenig verändert. Obwohl wir im Kontakt mit Frauen und Frauennetzwerken das große Potenzial in jeder Einzelnen sehen, schaffen es nach wie vor erschreckend wenige Frauen, dieses Potenzial auch zu managen.

Sie unterschätzen sich, haben Furcht vor Misserfolgen oder vor dem Risiko, das damit verbunden sein kann, Dinge auszuprobieren oder etwas Neues zu wagen. Sie scheuen davor zurück, bestehende Strukturen aufzubrechen, und werden kraftlos, wenn sie mit Manipulation und Machtgebärden konfrontiert sind. Hinzu kommen viel zu hohe Ansprüche an sich selbst und innere Gespräche, mit denen Frauen sich leider oft selber bremsen und blockieren, statt sich zu ermutigen und zu motivieren. Das ist leider alles andere als wachstums- und erfolgsorientiert.

Das Mädchen Pippi Langstrumpf strebt zwar keine berufliche Karriere an, probiert aber gerne aus und ist stets neugierig auf Neues. Sie lässt sich weder abhalten noch abschrecken und ist uns deshalb vor vielen Jahren zum Vor- und Sinnbild für einen selbstbestimmt lebenden Frauentyp geworden. All das Aufmüpfige, Mutige, Grenzenausprobierende, Flexible und Offene hat die erwachsene Pippilotta sich bewahrt, trägt es als Energiequelle in sich. Die Jahre, heißt es am Schluss des dritten Bandes, würden vergehen, doch Pippi und Tommy und Annika würden nicht groß werden. Mit Krummeluspillen, die Pippi aus einer Schublade hervorkramt, beschwören die drei Freunde das ewige Kindsein ...

Den meisten von uns verleiht diese Perspektive bis heute eine besondere Energie, denn sie erlaubt uns, innerlich ein erwartungsvolles und aufmüpfiges, zuweilen trotziges Kind zu sein, das darauf besteht, sich die (Berufs-)Welt so zu machen, wie sie uns am besten gefällt. Mit gutem Recht. Wir finden nämlich, dass es die wichtigste Aufgabe im Leben ist, sich selbst zu erfahren, sich auszupobieren und sich auch in beruflicher Hinsicht kontinuierlich dem eigenen Ziel anzunähern. Nicht immer geht das reibungslos, weshalb ein paar gedachte störrische, rote Zöpfe zuweilen sehr nützlich sein können. Denn obwohl es nicht gerade weiblich wirkt, wenn die Haare wie Borsten abstehen, so erweitert sich der persönliche Wirkungsradius durch die verinnerlichte Metapher erheblich. Die Herausforderung besteht darin, die ureigene Kraft zu erkennen und eine defensive, vermeintlich sympathische Weiblichkeit ad acta zu legen. Vieles von dieser Pippilotta-Haltung ist schon in uns, denn bestimmt können auch Sie sich in Windeseile Pippis Welt vor das innere Auge zaubern: die Villa Kunterbunt, die Apfelbäume, die Nachbarskinder Tommy und Annika, Herrn Nilsson … und auf der Veranda steht vergnügt wiehernd Kleiner Onkel. Entsteht in Ihnen plötzlich auch ein Gefühl von Freiheit, Selbstbestimmung, Spaß und Freundschaft? Wie schön, dass etwas aus unserer Kindheit irgendwie unvergänglich und konstant ist. Konstant stark, konstant liebenswert und konstant verrückt. Nicht umsonst verkleiden sich Heerscharen von Frauen jedes Jahr in der Faschingszeit mit roter Zopfperücke und Ringelstrümpfen und malen sich Sommersprossen ins Gesicht. Schließlich ist Pippi Langstrumpf für viele von uns nach wie vor eine sehr geliebte und Kraft spendende Freundin.

Um Sie nun auch auf Ihrem beruflichen Weg zu stärken, stellen wir Ihnen wieder Pippilotta zur Seite: eine vergnügte Mutmacherin, kluge Business-Coachin, einfühlsame Ratgeberin und verlässliche Mentorin. Wir nutzen also die Kinderweisheit der kleinen Pippi und saugen aus den Geschichten kraftvolle Bilder und Vergleiche, die uns darin unterstützen, uns unbefangener zu entfalten. Pippilotta wird so zu unserer Komplizin, die uns zeigt, wie das kunterbunte Leben geht. Und sie ermuntert uns dazu, es selbst zu versuchen und uns genau das zu holen, wonach uns gerade ist: das Pippilotta-Projekt!

Projekt – bei dem Wort mag manch eine von Ihnen erschaudern. Projekte finden auf allen Ebenen von Unternehmen statt und sind je nach Inhalt und Ziel mehr oder weniger angenehm und mehr oder weniger lästig. Sie werden uns übertragen oder anempfohlen – und nicht immer fällt es leicht, die damit verbundenen Aufgaben allein oder im Team zu erfüllen. Wer beruflich mit Projekten zu tun hat, spürt leider selten die Leichtigkeit und Kreativität, die sie eigentlich wie ein Geschenk in sich bergen. Genau genommen gibt uns sogar nichts einen so großen Handlungsrahmen wie ein Projekt! Deshalb möchten wir Sie in diesem Buch zu einem neuen Projektdenken verführen. Es ist nämlich erwiesen, dass ein Ziel viel vergnüglicher zu erreichen ist, wenn wir uns von harten Formeln und konkreten Bedingungen lösen und uns eher »projektbezogen« heranpirschen. Denn jedes Projekt hat einen zutiefst beweglichen und fantasievollen Kern. Schon der Satz »Meine Karriere ist mein Projekt« sorgt für mehr Gelassenheit und Versuchsbereitschaft als ein Satz wie »Bis Ende 2016 muss der nächste Meilenstein geschafft sein«. Feste Vorgaben machen Druck und lassen nur eine einzige Lösung zu. Projekte hingegen fordern uns auf, eine Sache von mehreren Seiten zu betrachten, Fehlschläge werden einkalkuliert, verschiedene Runden und Lösungswege sind akzeptabel, wenn nicht sogar erwünscht. Ein Projekt ist flexibel. Es birgt viele Ansätze, wir können nachjustieren sowie die Meinungen und Sichtweisen anderer Menschen einholen. Es gibt nur Ideen und Vorschläge, aber kein Besserwissertum. Und wenn es nicht passt, können wir ein Projekt vertagen.

Insofern lag es nahe, unsere Pippilotta-Idee, die kreativ und wild ist, in eine businesskompatible Form zu bringen. Da kam uns »das Projekt« gerade recht. Die Fachliteratur zum Thema Projektmanagement lassen wir dabei links liegen, denn wir wollen, dass Sie am Ende des Buches sagen: »Ich weiß, was ich will – und werde es mir holen« – und neugierig sind auf neue Themen, Anreize und Ansätze.

Dazu müssen Sie dieses Buch nicht von Anfang bis Ende durchlesen. Im Gegenteil: Jedes Kapitel steht für sich und beleuchtet einzelne Schritte auf dem Weg zum Erfolg. Fangen Sie am besten mit dem an, was Sie spontan am meisten interessiert. Oder machen Sie den Test »Wie viel Pippilotta sind Sie schon?« und entscheiden Sie danach, womit Sie beginnen wollen. Wie auch immer Sie dieses Buch lesen: Hie und da werden Sie auf die ein oder andere Wiederholung stoßen. Das ist dem Aufbau der einzelnen Kapitel als eigenständige »Projektschritte« geschuldet.

Die Ringelstrümpfe, die wir uns beim Schreiben dieses Buches gedanklich angezogen haben, werden es Ihnen ermöglichen, sich an die Heldin aus Schweden zurückzuerinnern, sie für einen Moment erneut als Vorbild zu betrachten und von den Geschichten zu profitieren. Wir zeigen Ihnen, wie Sie ohne Plutimikation und mit Sommersprossen weiterkommen, wie Sie verborgene Schätze finden, wie Sie in die Villa Kunterbunt einziehen, gekonnt Schiffbruch erleiden, mit Haien, Banditen und Räubern umgehen und sich in Taka-Tuka-Land bewähren – unabhängig von Ihrem Alter, Ihrem Beruf und Ihrer aktuellen Position. Denn ab und zu braucht jede von uns ein inneres Schwedenhäuschen, finden wir.

Frühjahr 2016

Diese Symbole finden Sie im Buch. Sie sollen Ihnen helfen, wichtige Merksätze, Übungen oder Hintergrundinfos schnell zu erkennen und einzuordnen.

Konkrete Tipps oder fordert zu bestimmten Handlungen/Übungen auf

Das Symbol für »kunterbunt im Business-Anzug«, Fakten im Berufsalltag und Umsetzungsbeispiele

Steht für kostbare »Merksätze« und zeigt, wie Sie die eigenen Ressourcen aktivieren sowie verborgene Fähigkeiten freilegen können

Unser Symbol für die Pippilotta-Akademie: Hintergrundwissen, tiefer gehende Fakten

Taucht immer dann auf, wenn Sie Unterstützung und neue Energie von außen brauchen

1

Mein wertvollster Schatz bin ich!

Unzählige Male haben wir den Satz an Pinnwände und Flipcharts geschrieben und munter über PowerPoint-Präsentationen laufen lassen. Mit großen Augen blickten uns die Frauen an; wir konnten fast zusehen, wie sich dieser Satz nach und nach, Buchstabe für Buchstabe hinter Ponys und straffen Haaransätzen immer wieder neu zusammensetzte. »Mein wertvollster Schatz bin ich!« Man muss sich die Aussage mal langsam auf der Zunge zergehen lassen, um zu begreifen, wie revolutionär sie in vielen Frauenköpfen klingt: Nicht mehr die eigene Familie, der Job, die betagten Eltern haben Priorität, sondern man selbst ist sich die Nächste – und das Wichtigste, das es im eigenen Leben gibt. Sich selbst die Nächste zu sein ist keine Aufforderung zu einer exzentrischen Lebensführung, also dem Kreisen um sich selbst. Hier handelt es sich um ein Erkennen der eigenen Persönlichkeit, um die Potenziale, die in einem stecken, um Selbstachtung, Selbstmitgefühl sowie die exakte Kenntnis darüber, wo und wann die Tritte in den eigenen Hintern perfekt sitzen müssen, damit man jenen Wertesten auch hebt ... Sich nah zu sein und wichtig zu nehmen setzt sich aus entsprechend vielen Erfahrungen, Talenten und Eigenschaften zusammen.

Auch Sie sind ein Mensch mit vielen Facetten, schillernd wie eine Muschel in der See und abwechslungsreich wie ein Kaleidoskop. Jedes Steinchen stimmt. Und jede Facette sollte gewürdigt und ernst genommen werden. In der Psychologie spricht man von inneren Anteilen, der Kommunikationsexperte Schulz von Thun auch gerne vom inneren Team.[2] In vielen systemischen Coachings arbeitet man mit den inneren Anteilen, weil sie ein wichtiger Schlüssel sind, wenn es darum geht, Konflikte oder Blockaden aufzubrechen und Lösungen zu finden. Sich selbst die Nächste zu sein fordert uns also dazu auf, die Vielfalt ins uns zu entdecken und zu würdigen. Wenn wir uns gut kennen, unsere verschiedenen Seiten respektieren und gleichzeitig um all die Erfahrungen wissen, die sie uns schon ermöglicht haben, dann sind wir nicht mehr nur Annette, Silvia oder Greta-Marlen ..., sondern ein buntes Schätze-Durcheinander in einer prall gefüllten Kommode, wie auch Pippi sie in ihrem Schlafzimmer stehen hat.

»Pippi öffnete die Schubladen und zeigte Thomas und Annika die Schätze, die sie dort verwahrt hatte. Da waren seltsame Vogeleier und merkwürdige Schneckenhäuser und Steine, kleine hübsche Schachteln, schöne silberne Spiegel und Perlenketten und vieles andere.«[3]

Jede Veränderung kann ein Schritt in eine neue berufliche Zukunft sein

Wir selbst haben schon diverse berufliche Erfahrungen sammeln dürfen, die als Schätze in uns ruhen und die wir bei Bedarf aus unserer inneren Kommode ziehen. Wir waren …

- Erzieherin in einem Kinderheim
- Lehrerin
- Heiratsvermittlerin
- Ghostwriter
- Verkäuferin für Unterwäsche
- Pool-Planerin
- Putzfrau
- Mutter
- Rundfunkmoderatorin
- Werbetexterin

- Tagesmutter
- Empfangsdame
- Bratwurstwenderin in einer Pommes-Bude
- Festival-Organisatorin
- Kellnerin
- Beraterin
- Dozentin
- Buchexpertin im Fernsehen
- Redakteurin
- Lektorin
- Betriebswirtin

Und nicht zuletzt die Speaker und Beraterinnen, die wir heute sind.

Nicht jeder Job war Erfüllung und Freude pur. Es ist verdammt anstrengend, in der knalligen Sonne auf einem Kohlegrill brutzelnde Bratwürste zu wenden; das eine oder andere Kind kann einem auf den ersten Blick unsympathisch sein, obwohl man von sich erwartet, jedes Kind wenigstens zu mögen; und für Statistiken, die man als Betriebswirtin braucht, fehlt uns einfach ein bestimmtes Vergnügungs-Gen.

Fazit: Es war nicht immer lustig, aber jede Erfahrung ...

- war wertvoll.
- brachte uns an den Punkt, an dem wir heute stehen.
- überraschte und bereicherte uns mit Wissen, das wir für neue Aufgaben brauchen.

Wir haben gelernt, dass auch Jobs und Kinder wie Kommoden sind. Sie verbergen spannende Eigenschaften, Wesenszüge oder Inhalte, die sich nicht auf den ersten Blick offenbaren. Ein genaueres Hinschauen ist nötig, will man alle Schätze heben – und Durchhalten und permanente Neugier sind unerlässlich, damit aus einem Job eine berufliche Erkenntnis und positive Erfahrung wird. Ja, es ist fast immer möglich, etwas zu entdecken, das die »Freude im Drögen« weckt!

Zwei Kunsthandwerksverkäuferinnen haben uns zum Beispiel einmal erzählt, wie sie mit Hingabe selbst Dinge verkaufen, die sie für überflüssig halten. »Wir machen eine Wette daraus, wer von uns beiden auch in völlig hirnrissigen Gegenständen wie in Aschenbechern mit Katzenohren etwas findet, das dadurch zu etwas ganz Besonderem wird. Das Verkaufen und Dekorieren verwandelt sich so in pures Vergnügen.«

Nun haben wir zwar keine Katzenohren, sind aber jederzeit in der Lage, das Wissen und die Erfahrungen, die uns unser Berufsweg bis heute großzügig beschert hat, neu zu sichten und zu ordnen.

Ein Beispiel: Christine hat 1977 in einem ländlichen Kaufhaus Unterhosen verkauft. Wohlgemerkt keine Dessous! »Es war einer der besten Ferienjobs, den ich hatte«, erinnert sie sich. »Es war Volkstheater pur. Nie wieder bin ich mit Menschen in Berührung gekommen, die nach Feinripp Größe 52 gefragt haben. Es war ein Kaleidoskop der Typen.« Da wir auch Romane schreiben, sind solche Begegnungen pures Gold. Aber: Man muss gewillt sein, das Gold auch zu sehen. Tatsächlich besitzen wir alle einen reichen Schatz und sind wie eine Kommode, in der sich Bratwürste neben einsamen Herzen, Mikrofonen und systemischen Beratungstools vergnüglich tummeln.

Nur wenn wir erkennen, was wir alles in uns »bergen«, können wir wagen und planen, was uns heute vielleicht noch wie eine Vision erscheint.

Eine Kommode mit vielen Schätzen

Pippi weiß ganz genau, was in ihrer Kommode nur darauf wartet, entdeckt oder wiederbelebt zu werden. Sie kennt die innere Ordnung und weiß um den Wert der einzelnen Dinge. Sie hortet jedoch nicht, sondern teilt.

Werfen Sie einen Blick in die eigene Seelenkommode: Was finden Sie dort Wertvolles? Gut möglich, dass Sie – ganz nebenbei – auch wieder mehr beruflichen Überblick gewinnen …

Wo stehen Sie gerade?

Was erfüllt Sie im Beruf?

Was ist die Quintessenz verschiedener Berufe?

Gibt es etwas, das alle Erfahrungen miteinander verbindet?

Was tragen Sie aus Ihrem Privatleben dort hinein?

Wo stecken Ihre Fähigkeiten?

Gibt es verborgene Talente?

Was bereitet Ihnen Vergnügen und warum?

Wofür arbeiten Sie? Kennen Sie den Sinn oder Impuls?

Erst wenn Sie wissen, was alles in Ihnen steckt, können Sie es auch herausholen und einsetzen. Machen Sie Ihr persönliches Projekt daraus. Dabei werden Sie vielleicht erstaunt feststellen, dass Zufriedenheit kein Status, sondern eine Entwicklungssache ist.

Interessant ist, was Sie nicht sofort sehen!

Ihre Kommode enthält mit Sicherheit eine Menge an Talenten, die Sie in Ihrem Leben gesammelt und verfeinert haben. Die moderne Talentforschung sucht aber nicht mehr nur nach dem, was sich schon zeigt, sondern auch nach dem, was sich bei einem Menschen zeigen *könnte*. Sie spürt den versteckten Ressourcen, den noch nicht richtig wahrgenommenen Fähigkeiten, den Potenzialen nach. Wir wissen schließlich nicht, ob die Mitarbeiterin, die heute einen super Job macht und an der für sie und das Unternehmen richtigen Stelle sitzt, morgen vielleicht schon auf einem anderen Platz gebraucht wird. Die Frage lautet also: *Was können Sie über das schon Bekannte hinaus?*

Bei anderen Menschen sind wir in der Regel viel eher in der Lage, heimliche Schätze zu identifizieren, als bei uns selbst.

Nehmen Sie doch einfach mal die Perspektive des Talentscouts ein und betrachten Sie an Ihrer Person folgende Indikatoren:

- Sie kann sich selbst und andere motivieren.
- Sie ist neugierig auf Menschen und neue Aufgaben.
- Sie hat einen genauen Blick, will entdecken.
- Sie gibt so schnell nicht auf.
- Sie zieht andere mit, kann begeistern.
- Sie ist fähig, sowohl für sich als auch mit anderen zu arbeiten.
- Sie ist mutig genug, auch unausgereifte Ideen auszusprechen.
- Sie ist kreativ und lösungsorientiert.
- Sie verfügt über unternehmerisches Denken ...
- ... und Weitsicht.

Vielleicht haben Sie bei einigen der Begriffe gelächelt und gedacht: Yes. Hab ich!/Bin ich! Möglicherweise haben andere Menschen Sie mit der einen oder anderen Eigenschaft skizziert und Sie nicken: »Das stimmt.«

Um nun diese Persönlichkeitsschätze auch zu nutzen, sollten Sie diese mit Beispielen füllen. Unser Geist denkt in Bildern, nicht in Schlagworten. Finden Sie also die verschiedenen Erfahrungen, die sich hinter Ihrem »Yes!« verstecken. Auf diese Weise kommen Sie sich selbst und Ihren Fähigkeiten am besten auf die Spur – und entdecken möglicherweise auch noch das, was sich jenseits des Tellerrandes verbirgt.

Auch in Mitarbeiter- und Jahresgesprächen ist es hilfreich, wenn Sie sich nicht nur »beschreiben«, sondern an Beispielen veranschaulichen können, wann genau Sie diese Fähigkeit gelebt haben.

Stöbern, wühlen und ganz neu entdecken!

Auch Ihre »Schatzkommode« kann mit einer Reihe an Talenten und Potenzialen aufwarten, die sich Jahr für Jahr angehäuft haben. Immer neue Ressourcen kamen und kommen hinzu. Wahrscheinlich haben Sie einige Talente auch einfach in die Schubladen gestopft und sich jedes Mal aufs Neue gesagt: Demnächst werde ich das alles mal ganz ordentlich sortieren. Denn genau wie bei unserem Kleiderschrank brauchen wir auch bei dem, was uns als Person ausmacht, einen Überblick. Nur wenn wir den haben, vergessen wir die besten Stücke nicht und profitieren bei der nächsten Gelegenheit davon.

Einige Schubladen lassen sich mühelos öffnen und durchforsten, andere klemmen vielleicht ein wenig. Die oberen sind möglicherweise gut sortiert, während weiter unten das reinste Chaos herrscht.

Fangen wir also einfach ganz oben an: Richtig aufgeräumt schaut es hier aus. Hier lagern sie in Reih und Glied: Ihre beruflichen Qualifikationen, die Zeugnisse und Verträge und all die ach so objektiven Eckdaten, die Sie und Ihre Person in der Gesellschaft verankern. Ein Blick genügt, und Sie wissen sofort: »Das bin ich. Genau da stehe ich.« Zufrieden werden Sie diese »Lade im Geiste« wieder zuschieben. Ihrer Schätze darin sind Sie sich sicher, da sie allgemein anerkannt und jedem bekannt sind. Wie praktisch.

Eine Lade weiter unten, auf der »Berufliche Ambitionen und Erfolge steht«, hapert es dann schon ein wenig mit der Ordnung. Zugegeben, ganz vorne liegen so kostbare Werte wie Fremdsprachenkenntnisse, Führerschein und das kürzlich vom Chef attestierte besondere Engagement, vielleicht auch noch Kinderliebe und ein grüner Daumen ... Weiter hinten jedoch, dort, wo man nicht so leicht hinkommt, finden Sie plötzlich noch ein paar Schätze, die Sie ganz vergessen hatten, zum Beispiel den Segelschein, den Sie vor Jahren wegen einer Ferienliebe gemacht und seitdem nie wieder gebraucht haben ...

Zeugnisse und Zertifikate sind also schnell zur Hand, doch wie sieht es aus mit handfesten Best-Practice-Beispielen, die Sie für eine einzigartige Selbst-PR gut gebrauchen könnten? Einige haben Sie vielleicht schon gefunden ...

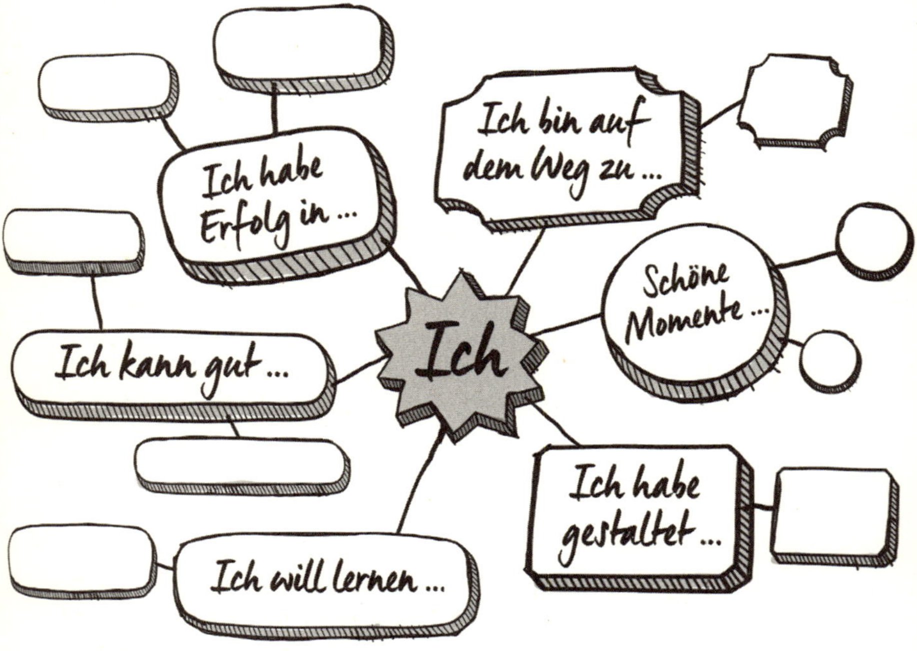

In diesem kreativen Durcheinander finden sich oft auch noch jene Ziele »vergangener Tage«, die noch immer auf Erfüllung warten. Eigentlich sind Ziele ja etwas Wunderbares, weil sie uns auf einen Weg bringen, den wir dann in aller Ruhe gehen können. Aber vielleicht haben Sie Ihre Ziele damals nur falsch formuliert oder sie sich zu einem viel zu frühen Zeitpunkt vorgenommen? Haben Sie Ihre Ziele womöglich nicht als »Projekt« verstanden? Es ist aber auch denkbar, dass sie sich inzwischen überholt haben; dann sollten Sie sich freundschaftlich davon trennen. Längst überholte Ziele können einem nämlich sehr lästig werden, wenn sie sich immer wieder in Erinnerung drängen, obwohl man sie schon lange nicht mehr will.

Menschen verändern sich, Ziele logischerweise auch. Eine Ordnung und einen Überblick herzustellen hilft Ihnen, über sich selbst stets auf dem aktuellen Stand zu sein. Es lohnt sich deshalb, den ganzen Kommodeninhalt auszuräumen, um ihn dann mit Sorgfalt zu betrachten. Nicht alles, was in der Kommode war, gehört auch wieder rein.

Räumen Sie in Ihrer Seelenkommode auf!

Auch wenn es vielleicht einige Überwindung kostet ... Ein Großreinemachen in Ihrer Seelenkommode bringt eine ganze Menge, wenn man sich weiterentwickeln will. Die einfachste und effektivste Methode nach Pippi-Art: Alles erst mal auskippen.

Wichtig: Sie bestimmen die neue Anordnung und orientieren sich dabei vor allem an Ihren eigenen Bedürfnissen und Möglichkeiten. Sortieren Sie wichtige Wünsche und Ziele ebenso in die obere Schublade wie unverzichtbare Zertifikate und Fähigkeiten. Die einzige Voraussetzung: Sie müssen tatsächlich alle Schubladen geöffnet haben, damit Sie einen vollständigen Überblick über Ihre momentane Lebenssituation, Ihre Chancen und Ideen haben.

Beschriften Sie nun Ihre Schubladen von oben nach unten neu, zum Beispiel so:

- ➲ Das bin ich, das kann ich und das mache ich gern!
- ➲ Das würde ich auch gern tun – und werde es bald schaffen, weil es mir am Herzen liegt.
- ➲ Das wollen andere von mir – ich aber nicht. Also ist es nicht so wichtig.
- ➲ Die Dinge, die auf den ersten Blick keine große Bedeutung haben, die aber dennoch wichtig für mich sind (zum Beispiel Hobby, Ehrenamt oder etwas, das ich »ganz einfach und mit links kann«)

Gemeinsam aufzuräumen macht mehr Spaß

Zugegeben, es erfordert ein wenig Überwindung, andere in die eigene Kommode blicken zu lassen. Doch der Spaß- und Nutzenfaktor ist dann auf jeden Fall höher.

Fragen Sie Ihre Freundinnen, Freunde und Geschwister. Sprechen Sie Kolleginnen oder Netzwerkpartnerinnen an, von deren Meinung Sie etwas halten – und bitten Sie diese um eine Einschätzung Ihrer Person.

- Was schätzt du an mir?
- Wie würdest du mich einem anderen Menschen beschreiben?
- Was sollte ich deiner Meinung nach in mir entdecken?
- Warum arbeitest du gerne mit mir?
- Empfindest du mich als engagiert? Wann genau?
- Wie würdest du meine Arbeitsweise einem anderen beschreiben?
- Gibt es etwas, das du gerne von mir lernen würdest?
- Gibt es etwas, bei dem ich mich deiner Meinung nach umständlich anstelle?
- Wenn du meine Vorgesetzte wärst:
  Welche meiner Fähigkeiten würdest du stärken wollen?
- In welche Richtung sollte ich mich weiterbilden?

Ihnen wohlgesonnene Freundinnen, Familienangehörige, Kolleginnen und Führungskräfte ...

- ➲ betrachten Sie und Ihre Eigenheiten kritisch, aber liebevoll.
- ➲ haben Ideen, wenn Sie nicht weiterwissen.
- ➲ können mit eigenen Erfahrungen unterstützen.
- ➲ bringen neue Perspektiven ans Tageslicht.
- ➲ motivieren, wenn Sie meinen, nicht mehr weiterzukönnen.
- ➲ bremsen, wenn Sie zu schnell unterwegs sind.
- ➲ sind an Ihrer Seite, wenn Sie Halt brauchen.
- ➲ helfen Ihnen dabei, den Wert Ihrer Schätze zu erkennen und zu nutzen.

Sich Feedback von seinem beruflichen Umfeld geben zu lassen ist auch eine sehr spannende Möglichkeit, mehr über sich selbst zu erfahren, zumal der Blick von außen meist offener ist für Potenziale, die Ihnen möglicherweise bislang völlig entgangen sind. Unternehmen setzen diese Art von Rückmeldung oft mit einem 360-Grad-Feedback um. Nicht selten müssen sich Führungskräfte diesem Verfahren unterziehen, um in einem Unternehmen weiter voranzukommen oder ihre derzeitige Position zu behaupten. Kunden, Mitarbeiter, Vorgesetzte, Kollegen und Teammitglieder sind dabei aufgefordert, einen Fragenkatalog auszufüllen, dessen Resultate als Fremdbild beziehungsweise der Einschätzung von Kompetenzen und Verhaltensweisen dienen. Ein Selbsteinschätzungsbogen wiederum liefert Angaben zum Selbstbild. Inzwischen ist die Methode des 360-Grad-Feedbacks aufgrund der verschiedenen Perspektiven und des großen Überblicks, der dadurch gewonnen wird, sehr beliebt; sie gilt als kraftvoll und effektiv.

Hier einige Feedback-Themen:

- Führungstalent
- Kommunikation im Team und gegenüber einzelnen MitarbeiterInnen
- Motivation des Teams
- Fähigkeit zu delegieren
- Zuverlässigkeit
- Wahrnehmung der Mitarbeiter
- Interesse an Produkt- und Menschenentwicklung
- Freilich verlangt das Echo zuweilen ein »dickes Fell«, weshalb in der Regel Coaches vor Ort sind, um die Ergebnisse zu besprechen.

Wie geht man mit Rückmeldungen um?

Erst einmal kann eine Rückmeldung neugierig machen. Auf sich selbst und auch darauf, wie der andere zu dieser Aussage kommt. Oft wird uns berichtet, dass besonders in Mitarbeitergesprächen mit Worthülsen gearbeitet wird, die als »Feedback« oder Einschätzung verkauft werden. Beschreibungen wie »bist lebhaft«, »manchmal zu laut«, »einfühlsam«, »zuverlässig« oder »angenehm im Umgang« sind im Grunde nichtssagend. Denn Sie wissen ja nicht, was Sie tun müssen, damit Sie jemand als lebhaft, laut, einfühlsam et cetera erlebt. Sie merken schon: Auch hier sind wieder konkrete Beispiele und Situationsbeschreibungen nötig, damit wir wirklich etwas über uns lernen. Zudem kann es durchaus sein, dass Sie zwar jemand zu laut findet, was aber noch nicht bedeutet, dass auch andere Ihre Lebendigkeit oder Ihr Stimmvolumen als überdurchschnittlich empfinden.

Es braucht also verschiedene Meinungen, wollen wir uns von außen betrachten lassen. Letztlich sind Sie die Entscheiderin. Sie müssen abwägen, welches Verhalten wie und in welcher Ausprägung zu Ihnen und Ihrem Leben passt. Machen Sie also nie etwas, nur weil es ein anderer von Ihnen will! Denken Sie sich lieber in Pippilotta hinein und fragen Sie sich, wie die reagieren würde. Kommen Sie dann zu dem Schluss, die Rückmeldung annehmen zu wollen, so beginnen Sie nach und nach, Ihr Verhalten erst zu beobachten, um es dann neu auszuprobieren. Sie müssen sich authentisch und wohlfühlen dabei. Manchmal ist das übrigens ganz leicht (siehe Kapitel 5: »Präsenz mit Sommersprossen«).

Wichtig ist, dass Sie die gängigen Feedback-Regeln kennen, um diese gegebenenfalls weiterzugeben, falls Sie sich ein Feedback von außen einholen.

Feedback-Regeln

Zuallererst: Diese besondere Form der Rückmeldung wird nicht einfach gegeben, sondern erbeten. Das heißt, Sie bitten zum Beispiel eine Kollegin: »Ich fühle mich unsicher, wenn ich in großen Besprechungen etwas sage … Könntest du mich bitte bei der nächsten Runde beobachten und mir danach sagen, wie du mich erlebst?« Das ist ein klarer Auftrag. Ihre Kollegin kann sich nun darauf einstellen, wodurch die Rückmeldung gehaltvoller wird.

Fragen Sie hingegen: »Ich habe im letzten Monat versucht, etwas zu verändern … Wie hast du mich erlebt?«, bekommen Sie nur ein Feedback darauf, ob Ihre Umgebung die Veränderung *bemerkt* hat. Auch das kann natürlich informativ sein. Aber reicht Ihnen das?

Sie tun sich also selbst den größten Gefallen, wenn Sie einen Rahmen benennen, auf den sich das Feedback bezieht.

Ein Feedback ...

- ist eine Unterstützung beziehungsweise. ein Angebot.
- ist wohlwollend, möglichst beschreibend und niemals wertend.
- ist konkret, sachlich und informativ.
- ist auf eine bestimmte Situation bezogen oder ...
- ... auf einen festgelegten Zeitrahmen (das letzte Jahr, das letzte halbe Jahr).
- »psychologisiert« nicht.
- berücksichtigt das Umfeld und die Bedürfnisse aller beteiligten Personen.
- enthält aktuelle Beispiele, die verdeutlichen und erklären.
- ist lösungsorientiert.
- ist nützlich und umsetzbar.
- fordert keine Verhaltensänderung, sondern fungiert als Spiegel.
- überlässt die Schlussfolgerungen dem Feedback-Empfänger.
- umfasst nicht mehr Informationen, als der Empfänger verarbeiten kann.

Achten Sie unbedingt darauf, das Feedback in Ruhe, konzentriert und in angenehmer Umgebung entgegenzunehmen – und sich jegliche spontane Erwiderung à la »Du hast aber auch schon mal ...« zu verkneifen.

Die folgenden Schritt-für-Schritt-Überlegungen helfen Ihnen, sich strukturiertes und wertvolles Feedback einzuholen.

Schritt 1
Auf welche Inhalte kommt es Ihnen an? Was genau möchten Sie über sich erfahren? Welche blinden Flecken möchten Sie aufdecken, welche Potenziale erkennen und welche Fähigkeiten gespiegelt bekommen?

Schritt 2
Überlegen Sie, von welchen Freunden oder Kollegen Sie sich eine wertschätzende Rückmeldung wünschen. Man kann natürlich auch Menschen fragen, die einen nicht so gut oder nicht so lange kennen. Dann sind die Antworten vielleicht unvoreingenommener und überraschender, doch für ein nützliches Feedback ist es wichtig, in die Tiefe zu gehen – und das ist nur mit Menschen möglich, die schon seit längerer Zeit Arbeits- oder Weggefährten sind.

Schritt 3
Erkundigen Sie sich bei diesen Menschen, ob sie bereit sind, Ihnen Feedback zu geben, und stellen Sie sicher, dass die gängigen Feedback-Regeln bekannt sind. Machen Sie deutlich, dass Sie es natürlich akzeptieren, sollte die angesprochene Person kein Feedback geben wollen.

Schritt 4
Vereinbaren Sie einen Termin ohne zu enges Zeitfenster, denn dieses Gespräch sollte Ihre volle Aufmerksamkeit genießen.

Hinweis: Für die Feedback-Geber ist es wichtig, dass Sie die Rückmeldungen – egal ob erfreulich oder weniger erfreulich – unkommentiert annehmen. Einzige Ausnahme: Bitten Sie gegebenenfalls um konkrete Beispiele, um die Beobachtung besser einordnen zu können.

Schritt 5

Im Anschluss sollten Sie sich für das Feedback bedanken, unabhängig davon, wie die Rückmeldung ausgefallen ist. Denn es ist ein Geschenk, wenn andere Menschen intensiv beobachten und sich darüber hinaus Gedanken machen.

Und natürlich werden Sie sich auf Wunsch gerne mit einem Feedback revanchieren, denn ein echtes Feedback zu geben verlangt Aufmerksamkeit und Mühe. Es ist ein Geschenk!

Erinnern Sie sich, was Pippi macht, als Sie Ihre Kommode mit den vielen Schubladen für Ihre Freunde geöffnet hat? Sie beschenkt alle. Sich und ihre Freunde. Und zwar mit einer Auswahl ihrer Schätze. Das können Sie auch: Bedanken Sie sich bei den Menschen, die Sie bei Ihrer Kommodenschatzsuche unterstützt haben – am besten gleich mit Ideen, Impulsen oder Visionen, an denen Sie die anderen teilhaben lassen. Oder vielleicht gleich mit einem neuen Projekt?

Wow, bin ich reich!

Wenn Sie Ihre Kommode durchforstet, geordnet und neu eingeräumt haben, sind Sie einen von vielen entscheidenden Schritten weiter. Sie haben sich gründlich und ehrlich mit Ihrem Können, Ihren Potenzialen und Erfolgen beschäftigt, die Sie und Ihr berufliches Leben ausmachen. Sind Sie vielleicht sogar reicher als erwartet? Vermutlich haben Sie nun einiges anders einsortiert, einzelne Schmuckstücke verschoben, anderes ausrangiert und neu bewertet. Das kann der Beginn einer großen Liebesgeschichte werden. Doch wollen Sie dauerhaft zum wertvollsten Schatz werden und bleiben (!), ist Achtsamkeit nötig. Wir Menschen entwickeln uns ständig weiter. Echte Selbstwertschätzung will, dass wir mitgehen und mitbekommen, was wir so alles können, treiben, machen. Mit 30 sind wir ein anderer Mensch als mit 40 oder 60 ... Zu jeder Zeit zu wissen, wo wir stehen, uns mit Begeisterung und Freude neu zu entdecken, über neue Potenziale zu staunen und darüber, welche Ziele sich erfüllt oder überholt haben, ist das beste Selbstmanagement.

Das entscheidende Detail: offene Schubladen

Lassen Sie die Schubladen Ihrer Seelenkommode stets offen oder zumindest jederzeit zugänglich. Dann können Sie Dinge auch zukünftig gezielt verändern und steuern, sich bei Bedarf Ihres eigenen Wertes versichern – und wissen immer ganz genau, wo Sie gerade stehen.

Pippilotta, Tommy und Annika: das innere Team

Ob Sie in einem Unternehmen tätig sind oder als Freelancerin arbeiten, Teams sind Ihnen sicher sehr vertraut. Wir begegnen ihnen in Projekten, Abteilungen oder auch außerhalb des Berufes, wenn es darum geht, etwas zu bewegen oder zu organisieren. Teams sind in der Regel und in bestem Sinne ein bunter Haufen. Und genau das macht sie besonders wertvoll, weil wir dank der Unterschiedlichkeit der Teammitglieder eine Aufgabe von verschiedenen Seiten betrachten, prüfen und bereichern können.

Das gilt allerdings nicht nur für berufliche Teams, bestehend aus mehreren Menschen, sondern auch für Ihr kunterbuntes »inneres Team«.

Wir sind viele!

Wir reden mit uns selbst – und zwar permanent. Reagieren auf die tägliche Wörter-, Gefühls- und Bilderflut. Um diese zu ordnen und einzudämmen, suchen immer mehr Menschen den Pausenknopf im Kopf. Die einen über Meditation, die anderen über Saunabesuche oder in der Natur. Wie gut das gelingt, hängt auch davon ab, wie gut wir unser inneres Gequassel kennen und zu steuern vermögen. Jede Stimme repräsentiert eine bestimmte Sicht auf die Welt und unser Leben. Da gibt es die mütterliche und die väterliche Stimme, die der alten Tante, des Kindes oder Oberlehrers, der Komplizin und Freundin.

Mit unseren inneren Stimmen ermuntern wir uns, bremsen uns ab oder halten uns mit vermeintlich wichtigen Argumenten von dem eigentlich noch wichtigeren nächsten Schritt ab. Entsprechend verstimmt, fröhlich, zuversichtlich, traurig, bockig, arrogant, liebevoll reagieren wir. Haben Ihre inneren Stimmen das Gelesene soeben kommentiert?

Wie bitte? Ich habe doch keine Stimmen! – Innere was? – Was soll denn das mit Pippi Langstrumpf zu tun haben? – Interessant. – Das stimmt. – Ist mit den Stimmen vielleicht Intuition oder Instinkt gemeint?

Die inneren Stimmen und Meinungen können Sie auf Ihrem beruflichen Weg unterstützen oder blockieren, je nachdem, was sie sagen und welche Bedeutung Sie ihnen beimessen. Pippi Langstrumpf wurde von ihren inneren Stimmen jedenfalls nicht sonderlich blockiert. Damit wäre eine fragende Stimme schon mal beantwortet. Nicht nur unterstützende, auch kritische Stimmen wollen nur eines: Ihr Bestes, auch wenn das im ersten Moment nicht so danach aussieht.

Unsere inneren Stimmen sind Ausdruck wichtiger Erfahrungen unseres Lebens sowie prägender zwischenmenschlicher Begegnungen. Das hat zur Folge, dass wir uns oft so unterschiedlich erleben. Mal sind wir seriös, mal ziemlich verwegen. Im Wohnzimmer ist alles picobello, dafür verschwindet die Schreibtischplatte vielleicht gerade unter einem chaotischen Papierberg. Bei unserem Liebsten lassen wir die Schmusekatze raus, bei nervigen KollegInnen die Raubtierkrallen. Auf Sitzungen und Empfängen halten wir uns scheu zurück, im Fußballstadion brüllen wir unser Team nach vorn ...

In seinen Vorträgen wird auch Dr. Gunther Schmidt, angesehener Psychotherapeut und Facharzt für psychosomatische Medizin, nicht müde, das Phänomen der Vielfältigkeit jedes einzelnen Menschen hervorzuheben. Häufig benutzt er dabei das Bild eines ganzen Vereins oder eines Parlamentes, das in uns agiert. Wir sind also nicht »allein«, was man schmunzelnd als tröstlich bezeichnen könnte. Wichtig ist jedoch: Wer hat das Sagen? Leiten Sie den Verein, das Parlament, oder reagieren Sie auf die unzähligen Kommentare, die sich in Ihrem Inneren melden? Wir nennen das Team in unserem Selbst hier schlicht »Villa Kunterbunt«. So betrachtet scheint uns die kleine Pippi Langstrumpf zwar keine Expertin der ausgeklügelten Ordnung zu sein, aber sicherlich hat sie Anteile, die alles andere als chaotisch sind. Und Annika und Thomas sind bestimmt nicht immer brav. Es ist eine zutiefst menschliche Veranlagung, »verschieden« zu sein, weil wir in unterschiedlichen Kontexten unterschiedliche Erfahrungen sammeln, aus denen wir dann Unterschiedliches lernen.

Diese Erkenntnis ist eine großartige Unterstützung, wenn es darum geht, beruflich auf sich aufmerksam zu machen. Denn viel zu oft erlebt man sich auch in seinem Arbeitsumfeld als sehr »einseitig« und formuliert dies auch so.

Ich bin nicht schlagfertig genug. Ich bin gründlich. Ich bin auf Sicherheit bedacht. Ich bin eben, wie ich bin. Keiner kommt aus seiner Haut.

Ach ja? Ich bin sicher, Ihnen fallen auf Anhieb mehrere Beispiele ein, wo Sie nicht gründlich waren, wo Sie sogar sehr schlagfertig reagierten oder die Zügel locker und dem Chaos auch mal freien Lauf ließen. Wir sind verschieden – und deshalb haben wir ein großes Reaktionsrepertoire, das wir nutzen sollten.

Je mehr Wahlmöglichkeiten und Lösungswege wir zur Hand haben, desto flexibler können wir reagieren. Alternativen machen uns beweglich und erlauben uns, Strategien und Pläne den sich verändernden Umständen anzupassen.

Wie ticke ich denn?

Um zu erkennen, wie man selbst tickt, sollte man sich selbst gegenüber achtsam sein. Schließlich sind nur Sie mit sich selbst den ganzen Tag zusammen. Beobachten Sie sich mal einen Tag lang ... und erleben Sie, wie vielfältig Sie sind!

In der Art, wie wir mit uns selbst sprechen und was wir zu uns sagen, können wir erkennen, welche Facette sich gerade meldet. Die gute Nachricht ist: Sie müssen nicht alles glauben, was Sie sich selber sagen. Sogar das Bauchgefühl nutzen wir am besten, wenn wir es mit dem Kopf betrachten. Kopf und Bauch müssen gemeinsame Lösungen finden, dann ist die Unterstützung am größten. Bauch sagt: »Will nicht!«, Kopf fragt: »Welche Gründe gibt es dafür?« Oder: »Was müsste passieren, damit du doch wollen möchtest?«

»Ach was, Kopf hin, Bauch her. Ich bin nun mal zurückhaltend. Das war schon immer so.«

Schauen wir mal, wie Sie mit einer solchen inneren Aussage umgehen könnten. Stellen Sie sich dafür folgende Situationen vor ...

- Vor Ihren Augen wird ein kleines Kind von einem größeren Kind attackiert.
- Sie bekommen mit, wie auf einer Party schlecht über Ihre beste Freundin gesprochen wird.
- Ein Kunde wird an der Kasse betrogen, Sie haben den Vorgang beobachtet.
- Eine Kollegin will ein Projekt umsetzen, ihr mangelt es aber an Mut.

Bereits bei diesen wenigen konstruierten Situationen können Sie nachfühlen, dass jede von uns sicher nicht nur zurückhaltend ist, sondern auch eine Löwin im Herzen trägt.

Wir Menschen bestimmen selbst, welcher Stimme, welchen Anteilen wir folgen und in oder aus welcher Haut wir schlüpfen wollen. Es gibt eine Wahl, einen Weg, wir alle können uns Tag für Tag, von Moment zu Moment entscheiden.

Geben Sie stärkenden Stimmen mehr Gewicht als schwächenden, finden Sie das Hilfreiche, das die inneren Abbremser Ihnen sagen wollen. Das wirkt sich auch positiv auf Ihren Karriereweg aus!

Normalerweise allerdings springen wir mit den Gedanken hin und her. Dadurch gehen wertvolle Informationen verloren, weil wir unsere inneren Argumente nicht wirklich wahrnehmen beziehungsweise nicht zu Ende denken. Die Aspekte behindern einander, wenn sie gleichzeitig aktiv sind. Ob wir eine Angsthäsin oder eine Jeanne d´Arc sind, können wir nie mit absoluter Bestimmtheit sagen. Ob wir im nächsten Augenblick mutig oder verzagt reagieren, hängt nicht nur von unserer persönlichen Geschichte ab, sondern auch von der Tagesform und den momentanen Umständen. Doch wie schon erwähnt: Alle Anteile, Aspekte und Stimmen wollen nur unser Bestes!

- Verzagte Stimmen wollen oft, dass wir eine Sache noch einmal abwägen, darüber nachdenken, uns Hilfe holen.

- Kritische und skeptische Stimmen wollen oft, dass wir etwas erst mal prüfen, genau sind, uns absichern.

- Traurige Stimmen möchten oft, dass wir uns mehr um uns kümmern, dass wir uns anlehnen, uns etwas Gutes tun oder etwas Wichtiges nicht einfach beiseiteschieben.

- Mutige Stimmen wollen, dass wir losziehen und uns unseren Teil der Welt erobern.

- Verliebte Stimmen wollen, dass wir uns anvertrauen, uns fallen lassen.

Verallgemeinerung und Reduzierungen, Glaubenssätze, die wir über uns selbst formulieren, sind aufgrund ihrer Verknappung meist nicht aussagekräftig. Denn Sie haben so viele Persönlichkeitsfacetten, die alle von passenden Erfahrungen bestimmt und geprägt sind. Es lohnt sich deshalb zu reflektieren, was die einzelne Stimme eigentlich wirklich will. Fragen Sie in sich hinein. Lauschen Sie der Antwort.

Manche Stimmen mögen sich häufiger zu Wort melden; andere tauchen nur bei bestimmten Themen auf. Indem Sie immer öfter aufmerksam in sich hineinhorchen, werden Sie mit den verschiedenen Aspekten vertraut.

Fragen Sie sich:

- Wofür ist diese Stimme gut?
- Was erhofft sich die Stimme?
- Wonach sehnt sie sich?
- Was braucht die Stimme, damit sie mehr Zuversicht bekommt?
- Welches Geschenk liegt in dieser vielleicht sogar ablehnenden inneren Aussage?
- Gibt es ähnliche Situationen in meinem Leben, in denen ich »es« geschafft habe?
- An welche kleinen und großen, persönlichen oder beruflichen Erfolge kann ich mich erinnern, damit die mutigen Stimmen in mir deutlicher werden?

Über die Arbeit mit unseren inneren Stimmen lassen sich ganz neue Ressourcen freilegen, denn auch wenn es im ersten Moment seltsam klingt, diese inneren Botschaften haben nur eines im Sinn: sie wollen Sie unterstützen. Zugegebenermaßen tun die Stimmen das nicht immer mit Wohlklang, sondern oft unbeholfen und streng. Um das Gute darin zu finden, braucht es Zuwendung und Forschergeist, wohlwollende Neugier und einen wertschätzenden Blick. Sobald Sie heraushören, welchen Wunsch die innere Stimme verfolgt und Ihre inneren Anteile wertschätzend miteinander zu arbeiten beginnen, kommt etwas in Fluss, was vorher stillstand – und Sie werden auch die Stärken und Hilfestellungen Ihrer angeblichen Schattenseiten entdecken. Vermutlich sind Sie sogar selbst eine Art Limonadenbaum. Aber das werden Sie nur registrieren, wenn Sie bereit sind, das Kraftspendende zu hören und mit denen zu verhandeln, die Sie hemmen wollen.

Wenn Sie auf Ihre inneren Stimmen hören und sie ernst nehmen, wird aus dem lauten Geschnatter ein orchestriertes harmonisches Zusammenspiel, das Sie in Ihrer Lebensmelodie unterstützt.

Für den Job heißt das: die volle Vielfalt voraus!

Bietet sich jetzt eine Aufgabe, ein Projekt, ein Vertrag, dem Sie sich spontan nicht gewachsen fühlen, forschen Sie erst einmal nach Situationen, in denen Sie genau die gewünschten Eigenschaften gelebt haben, und überlegen Sie dann, was es braucht, damit sich diese Stärke auch in der jetzigen Situation aktivieren lässt. Auf diese Weise tauchen neue Alternativen und Lösungswege auf.

Pippilottas, die ihren Stimmen achtsam Gehör schenken und aus dem Vollen schöpfen, lernen mit der Zeit, immer mehr Chancen zu erkennen sowie immer zielgerichteter und abwechslungsreicher zu reagieren. Sie lassen sich nicht abbringen. Egal, ob sie plutimikamieren können oder nicht.

2

Ich weiß, was ich will – und werde es mir holen!

Erinnern Sie sich an die Geschichte, in der Pippi loszieht, um sich in einem Süßigkeitenladen mit Leckereien zu versorgen? Schon auf dem Weg dorthin weiß sie, was sie will: Bonbons, und zwar jede Menge. *»›Ich möchte 18 Kilo Bonbons haben‹, sagte Pippi und winkte mit einem Goldstück.«*[4] Und schon greift sie unbescheiden und begeistert in die Gläser, ohne sich von dem pikierten Gesicht der Verkäuferin aus der Ruhe bringen zu lassen. Pippi hat Lust auf Süßigkeiten und packt ein, was ihr ins Auge springt. Die gelben Zitronenbonbons, die sahnigen Karamellen, die mit Schokolade ... und ein paar Minzige müssen auch noch dazu. Welche Bonbons später in der Geschmacksliste ganz oben stehen werden, entscheidet sie erst, wenn sie alle gekostet hat. Es gibt keine Bescheidenheit, kein Überlegen »Was steht mir zu?«, für den Augenblick heißt es nur: Her mit der süßen Ware!

Das ist eine sehr hilfreiche Metapher, denn sie zeigt uns auf, dass man das nehmen darf, was sich einem bietet. Wir müssen nicht schon zu Beginn verzichten, obwohl es niemand einfordert, sondern nur wieder wir selbst uns im Genussweg stehen.

- Das ist zu viel!
- Das darf man nicht!
- Sei bescheiden!
- Halt dich zurück!
- Nicht gleich alles!
- Lass erst mal die anderen!

Kommen Ihnen solche Sätze bekannt vor?

Was für eine schöne Idee, bei Projekten, Aufgaben oder Jobangeboten so wie Pippi zunächst einfach zuzugreifen, bevor man genauer darüber nachdenkt, sich beschränkt oder erst entscheidet, wenn sich die anderen längst die Taschen mit Bonbons aufgefüllt haben.

Es gibt eine Menge Führungskräfte, besonders männliche, die schon das geringste Zögern bei Frauen als Zurückschrecken oder Ablehnung verstehen. Sie fragen nicht lange nach und sind auch bestimmt nicht an den Gründen für Ihr Zögern interessiert, sondern ziehen gleich beim ersten Zaudern den Schluss: »Die will nicht, also gebe ich das Projekt ›Bonbon‹ einfach jemand anderem.«

Die Bonbonlehre:

➲ Beherzt zugreifen,
wenn sich Ihnen Bonbons bieten.

➲ Eine Idee davon haben, bei welchen Bonbons
man tiefer ins Glas greifen möchte.

➲ Nach Bonbons fragen, die gut schmecken könnten,
die man auf der Theke aber nicht entdeckt.

Pippi folgt ihren Wünschen und Neigungen ganz offensichtlich voller Freude und mit ungebremstem Appetit. Innere wie äußere Beschränkungen werden vorerst ignoriert. Ihr Instinkt sagt ihr, dass beschränkende Stimmen so lange verunsichern, bis man herausgefunden hat, was man selbst will und was einem schmeckt. Diese innere »moralische Instanz« aus unausgesprochenen Kommentaren, Anweisungen und Beschränkungen, die vielen Menschen den Tag vermiest, ist ihr fremd. Sie wissen, welche innere Stimme wir meinen, oder? Diese Nervensäge, die einem vorschreibt, wie viele Bonbons erlaubt sind und welche Schokolade nicht zu einem passt, oder die einem vorhält, dass man sich ja doch nur den Magen verderben wird …

Obwohl unsere kleine Mentorin durchs Leben springt und hüpft, hier nascht und dort versucht, scheint sie, trotz aller spontanen Lebhaftigkeit, doch von einem inneren Kompass navigiert zu werden, der sie genau zu den Bonbons bringt, die sie am liebsten mag. Dabei scheut sie keine Begegnungen und keinen Weg. Sie holt sich einfach, was sie möchte. Nicht nur im Bonbonladen. Immer und überall lädt sie sich ein, beobachtet und probiert. Da draußen warten schließlich eine Menge Dinge auf sie – und es wäre doch ziemlich bescheuert nicht einfach darauf zuzugehen.

Wer etwas erreichen will, muss Impulse in sich wahrnehmen, sie respektieren, prüfen und verfolgen.

Innere Dialoge und Debatten sind ärgerlicherweise darauf aus, uns etwas madig zu machen. Es handelt sich dabei um eine völlig überflüssige Hinhaltetaktik, die immer wieder andere Aufgaben, Menschen oder Bedingungen vorschiebt, statt uns zu ermutigen, das zu holen, wonach uns der Sinn steht. Im Job sind das ausbremsende Gedanken wie »Ich werde mich auf diese Stelle bewerben ... Aber vorher muss ich noch das laufende Projekt abschließen, ein Konzept fertig schreiben, bei meiner Führungskraft vorfühlen, eine Weiterbildung machen und so weiter und so weiter«. Immer wieder finden sich irgendwelche Argumente, die hinauszögern, uns abhalten, verunsichern – und zwar ausgerechnet in Situationen, in denen es darauf ankommt, Motivation, Ermutigung und Unterstützung zu erfahren. Was es jetzt eigentlich bräuchte, sind Mut machende Gedanken, Aufforderungen oder die Erinnerung an frühere Erfolge. Solche Ermutigungen liefern uns jene positive Energie, die uns aktiv werden und beherzt zugreifen lässt.

Von anderen lernen

In unserem täglichen Einerlei würden wir oft gar nicht merken, wie wir uns verstricken und uns selbst von unserer Glückssuche abhalten, gäbe es da nicht Frauen, die uns vormachen würden, wie's geht. Abenteurerinnen, Wissenschaftlerinnen, Forscherinnen, Talententdeckerinnen, Künstlerinnen, Technikfreaks, Businessfrauen und Erfinderinnen leben und lebten uns vor, wie das funktioniert, berufliche oder Lebenswünsche wahr zu machen. Der gerade Weg, der auf das Ziel zusteuert, ist da eher Seltenheit. Vielmehr beschreiben die meisten Menschen, die sich oder etwas entwickeln, diesen Weg als eine Mischung von try and error. Wir können von den Erfahrungen anderer Menschen profitieren und auch durch fremde Erfolge und Fehler lernen. Best Practice nennt man diese Weiterentwicklung in Unternehmen. Schauen, wie es andere machen, vergleichen, sich womöglich darüber austauschen und dann selbst probieren. Gut möglich, dass Ihnen prompt eine Kollegin oder Freundin einfällt, eine starke Persönlichkeit, die sich dem Leben offen und fröhlich stellt, die Sympathien anderer Menschen empfängt und diese ganz selbstverständlich mit einem freundlichen Lächeln quittiert. Bewundern Sie auch Menschen, die sich selbst ausleben und denen es egal ist, wenn nicht alles perfekt läuft oder eine Projektidee nach genauerer Prüfung floppt? Menschen, die lachend sagen: »Egal!«, denn wichtig war, die Sache erst einmal zu versuchen. Wir lernen von diesen Geschichten, dass Mut belohnt wird. Vielleicht nicht in der beabsichtigten Form, aber mit Teilerfolgen, Erfahrungen oder der großartigen neuen Idee, die sich aus dem Flop entwickelt. Einerseits möchten wir genauso sein, andererseits empfinden wir oft aber auch ein wenig Neid oder gar Ärger. Diesen Pippilottas scheint irgendwie alles zu glücken. Wie machen die das bloß?

Eigentlich ganz einfach – auf einen der vielen Punkte gebracht, könnte man sagen: Liebenswert und ehrlich gehen diese Menschen ihren inneren Träumen nach und verstecken ihre Ziele nicht hinter falscher Bescheidenheit. Denn sie wissen, dass das Leben auf der Seite derer ist, die das Leben anpacken.

Versuchen Sie, selbst auf den »Bonbongrund« zu kommen

Wie reagieren Sie in der Regel, wenn Ihnen im Job eine Aufgabe, ein Projekt, eine Chance geboten wird? Greifen Sie zu oder wägen Sie erst einmal ab? Müssen Freunde und Kolleginnen Sie bestärken? Benötigen Sie das motivierende Nicken Ihres Partners, Ihrer Partnerin, das sagt: »Klar schaffst du das!«? Oder können Sie auch alleine sehr gut abschätzen, ob die Aufgabe zu Ihnen passt? Sind Sie selbst die Kapitänin Ihres Karriereboots und freuen Sie sich auf all die Businesshäfen dieser Welt? Heißt es bei Ihnen »Schiff ahoi!«? Oder müssen Sie erst tagelang die Karten studieren, bis Sie endlich den Anker lichten? Sind Sie sich eine gute Coachin, indem Sie selbst am besten wissen, welche Potenziale und Talente in Ihnen stecken?

Gut möglich, dass Ihnen bei dieser Übung Sätze, Worte, Erinnerungen, Bilder und Vorhaltungen nur so durch den Kopf schießen. Es gibt innere Sätze, die uns sagen, dass etwas schon glücken wird, weil wir uns kompetent und geeignet fühlen, und solche, die uns weismachen wollen, dass etwas nicht gelingen kann, weil wir gar nicht die Kompetenz mitbringen. In beiden Fällen handelt es sich um sogenannte Glaubenssätze, also Sätze, die wir uns über uns selbst sagen – und die wir glauben. Sie speisen sich aus eigenen Erfahrungen und den Rückmeldungen anderer. Je wichtiger uns diese Menschen sind, desto stärker verinnerlichen wir ihre Aussagen. Nur leider setzen sich vor allem die vereinnahmenden, lästigen und negativen Rückmeldungen in uns fest. Tausende von – zumeist weiblichen – Menschen reagieren auf jeden Hilferuf, und sei er noch so unbegründet, nur weil einst jemand meinte: »Wenn man auf Sie nicht zählen kann, auf wen dann?« Und zig Frauen trauen sich nicht, in einem Chor zu singen, weil irgendein Volltrottel von Musiklehrer in der sechsten Klasse gesagt hat: »Deine Stimme klingt nicht gut!« Solche *negative beliefs* blockieren unsere Entfaltung. Sie machen stumm, wenn sie ungeprüft übernommen werden. Und obwohl wir den Gesangslehrer niemals mochten, krallt sich diese eine Äußerung in uns fest.

Was tun?

Der gesunde Pippilotta-Verstand würde die Äußerung vermutlich als »anachronistisch« abtun oder zumindest hinterfragen. Pippilotta lässt sich nicht aufhalten und zuckt nur müde mit den Achseln, kommt ihr jemand mit Sprüchen wie »Das böse Ende folgt garantiert« oder »Erst mal hat man für die anderen zu sorgen, bevor man sich selbst ein Stück vom Kuchen nimmt«. Stattdessen jagen solche Gedanken wie Affen durch unseren Kopf, während die Welt um uns herum – insbesondere die Businesswelt – etwas komplett anderes lebt. Dort sind Pippilotta-Menschen nämlich äußerst erfolgreich und werden in der Regel auch sehr geschätzt. Es macht Freude, mit Menschen zu arbeiten, die wissen, was sie wollen, und sich nicht lange bitten und überreden lassen, wenn sich eine Chance am Karrierehimmel abzeichnet. Wie wunderbar, wenn jemand sich selbst gut einschätzen kann, sich etwas zutraut und dabei die persönliche Weiterentwicklung nicht aus den Augen verliert. Wenn es um die Kreativität im Hinblick auf die eigene Zukunft geht, ist Pippilotta ein gutes Vorbild.

Pippilottas ...

- wissen, wo ihre Fähigkeiten liegen und was sie vom Leben wollen.
- verwirklichen sich, ohne andere dabei zu verletzen, abzuwerten oder zu übervorteilen.
- sind an anderen Meinungen interessiert, lassen sich aber von niemandem hineinreden oder manipulieren.
- teilen ihre Erfolge und sind nicht knausrig, wenn es um die Weitergabe von Erfolgsrezepten geht.

- wollen stets Neues erfahren und dazulernen – auf geistiger wie auf emotionaler Ebene.

Diesen »Zugreifinstinkt« haben die meisten Männer offenbar schon in die Wiege gelegt bekommen. »Wenn ich 70 Prozent von einer Sache verstehe, dann greife ich bei einer Karrierechance zu«, erklärte uns vor ein paar Jahren ein männlicher Pippilotta und erklomm nach dieser Aussage tatsächlich noch zwei weitere Stufen der Karriereleiter. »Ich kenne mich gut und weiß: Die fehlenden Prozente, die ich für den Job noch brauche, eigne ich mir in Kürze an.«

Mit einer solchen Einstellung werden Sie garantiert beim nächsten Audit oder Assessment-Center punkten, schließlich will man dort auch sehen, was Sie sich zutrauen. Viele Prüfungsaufgaben basieren darauf, eine imaginäre Herausforderung zu meistern, obwohl man nur einen Bruchteil der Informationen hat. Es ist wie im richtigen Leben: Sie müssen entscheiden, ohne vorab alles zu wissen. Es wird beobachtet, wie Sie den Druck parieren, sobald sich eine Lücke auftut. Eine gute Kenntnis von sich selbst sowie ein ausgeprägtes Gefühl von Selbstwirksamkeit sind in solchen Situationen mehr als die halbe Miete. Einen Großteil der anderen Hälfte machen zwei innere rote Zöpfe aus. Sie symbolisieren den Mut zur Lücke oder, wie Redakteure sagen würden: Journalistisches Halbwissen ist gefragt.

Bringen Sie Leben in Ihre Villa Kunterbunt!

Erstellen Sie Ihr kunterbuntes Stärken-Schwächen-Ziele-Haus!

Zeichnen Sie auf ein DIN-A3-Blatt ein Haus mit Keller, Erdgeschoss und einem Dachgeschoss mit Fenster. Alle Geschosse sollen möglichst viel Raum für Ihre Notizen bieten.

Wählen Sie mehrere verschiedene Farbstifte für Ihre Schwächen und Stärken.

Beginnen Sie im Keller: Notieren Sie dort die Dinge, die Sie aus Ihrer Vergangenheit mitbringen, also Erziehung, gute und schlechte Erfahrungen, Wissen, bestimmte Gefühle – eben all das, was Ihrer Meinung nach Ihr heutiges Dasein und Befinden prägt.

Weiter geht's im Erdgeschoss: Hier findet alles Gegenwärtige Platz, also Ihre Beziehung, Ihr Gesundheitszustand, Ihr berufliches Sein, Freundschaften, Ängste, Sorgen, Hoffnungen und so weiter.

Im Dachgeschoss: Hier ist Raum für alles Zukünftige, also Ihre Wünsche, Pläne, Ziele, Träume. Geben Sie bitte auch Ihren Veränderungs- und Entwicklungswünschen jenseits des Beruflichen genügend Raum.

Und nun werfen Sie einen Blick aus dem Dachfenster: Gibt es Fernziele, Visionen oder völlig verrückte Träume? Nutzen Sie den offenen Raum um Ihr Haus herum, um diese Dinge ebenfalls festzuhalten!

Diese kleine Übung bringt uns mit unseren Stärken und Träumen in Kontakt und zeigt auf, an welcher Stelle wir alte, ungenaue oder nicht zutreffende Äußerungen, die wir über uns selbst machen oder von anderen hören, überprüfen oder als überholt wegschieben können. Wie sieht es mit Ihrer Farbverteilung aus? Gibt es eine Farbe, die überwiegt? Oder ist das Bild voller Zahlen und Formen? Wenn ja, dann sind Sie offenbar eine facettenreiche Frau, die ihrer Umwelt viel zu geben hat und in einer Villa Kunterbunt lebt.

Werfen Sie in nächster Zeit so oft wie möglich einen Blick ins Dachgeschoss, denn hier haben Sie vielleicht zum ersten Mal Ihre Wünsche und Vorstellungen für später formuliert. Das ist der Bonbonladen in der Zukunft. Wie ein Sternenhimmel finden Sie hier die Karamellen, Frucht- und Sahnedrops. Einige dieser Visionen können Sie schon schmecken. Andere sind noch etwas vage, fast diffus. Aber auch diese Geschmackssorten können Realität werden! Wenn Sie sich beherzt daranmachen und zugreifen, bietet sich schon die Gelegenheit. Melden sich schon wieder ein paar alte negative Glaubenssätze? Hören Sie weg ... Es ist schließlich Ihr Lebenshaus: Beleben Sie es!

Die meisten von uns wissen nicht, was sie wollen, weil sie sich vor allem darauf konzentrieren, was sie *nicht* wollen:

- Ich will nicht umziehen,
- keine Führungsverantwortung übernehmen,
- nicht unter Druck sein,
- weder viele Dienstreisen unternehmen
- noch an nächtlichen Telefonkonferenzen teilnehmen.

Ich möchte also auf keinen Fall Bonbons, die gestreift, gefüllt oder gelb eingewickelt sind. Es ist schon erstaunlich: Manchmal gehen wir bei der Beschreibung dessen, was wir ablehnen, bis ins kleinste Detail. Doch was wollen wir? Um was geht es uns im Leben? Nach was streben wir, wohin wollen wir? Welche Bonbons sollen es sein? Denken Sie an Pippis Bonbonladen: Die köstlichen roten Himbeerdrops liegen nun einmal nicht im untersten Regal bei den Kräuterbonbons, sondern stehen vielleicht etwas weiter oben. Dorthin müssen Sie greifen. Wenn Sie allerdings nicht wissen, was Sie wollen, sondern nur, was Sie *nicht* wollen, greifen Sie ins Leere oder immer wieder daneben.

Fragt man in die Runde, sehnt sich fast jeder nach Glück, Liebe, Wohlstand, Gesundheit, beruflichen Erfolg, Familie und so weiter, Dinge, die eines ganz sicher *nicht* sind: konkret. Ziemlich hinderlich in einem Laden. Das ist, als ginge man in eine Bäckerei und würde auf Nachfrage sagen: »Ich will etwas zu essen.«

Ihr persönliches Ziel-Management

Wir erreichen nur das, was eigenständig in unserem Inneren heranreift, sich festsetzt und schließlich nach draußen will. Natürlich können Sie sich auch Ziele setzen lassen, aber solche Ziele erreichen Sie in der Regel nur, wenn Sie den äußeren Anreiz zu einem inneren machen. In der Fachsprache spricht man von extrinsischer (äußerer) und intrinsischer (innerer) Motivation.

Erinnern Sie sich an die Pippi-Episode mit der Schule? Pippi will nicht dorthin. Warum auch? Schule erscheint ihr erst einmal kein Erfolgsmodell zu sein. Tommy und Annika aber versuchen, Pippi zu einem Schulbesuch zu überreden, weil sie sich davon fröhlichere Stunden versprechen.

»Wenn Pippi wenigstens mit in die Schule gekommen wäre, dann hätte es einigermaßen Spaß gemacht.«[5]

Vermeintlich geschickt verpacken sie ihr Anliegen als Motivation für Pippi, die darauf wie ein Fisch auf den Köder reagieren soll, locken mit Weihnachts-, Oster- und Sommerferien. Doch Pippi lässt sich nicht in die Irre führen. Außerdem weiß sie offenbar sehr genau, dass einem etwas am besten gelingt, wenn die Motivation nicht im Außen, sondern im eigenen Inneren zu finden ist. Also entwickelt sie schnell einen Weg, sich eine intrinsische Motivation zu basteln, also einen Satz, der den Schulbesuch zu ihrem eigenen Wunsch macht: *»›Das ist absolut ungerecht! (…) Morgen gehe ich in die Schule.‹«*[6] Tatsächlich taucht Pippi am nächsten Tag in der Schule auf – nicht aufgrund des Lockmittels Ferien, sondern weil *sie* sich dafür entschieden hat.

Der Vorteil dieses kleinen Motivationskarussells: Pippi hat dank dieses inneren Drehs stichhaltige Argumente parat, wenn jemand sie nach dem Grund ihrer Entscheidung fragt. Sie geht schließlich in die

Schule, weil *sie* das will. Wie banal klingt dagegen: »Thomas und Annika haben mich dazu eingeladen.« So gesehen ist jedes Bonbon lecker. Es gibt übrigens Berufe, die ohne diese positive Selbststeuerung nicht zu erfüllen sind. Wir denken da zum Beispiel an Schauspieler. Haben Sie sich schon einmal gefragt, ob die Hauptdarsteller in Liebesfilmen sich tatsächlich immer mögen? Oft genug gibt es in der Realität konkurrierende Gefühle und Animositäten und somit wenig Grund, einander lustvoll zu küssen. Wie machen die das dann nur – und auch noch so, dass wir, die Zuschauerinnen, diesen romantischen Filmkuss gerührt und selig glauben? »Wenn ich eine Frau küssen muss, die ich eigentlich nicht küssen mag«, erklärte uns ein Schauspieler, »dann muss ich etwas finden, das ich an ihr liebe, und sei es das Ohrläppchen.«

Es ist also nicht der Bonbonladen, der das Angebot macht; vielmehr machen wir einen Bonbonladen zu dem besten Laden unserer Welt. Nicht nur das zu sehen, was man will, sondern darüber hinaus die unscheinbaren Angebote als Chance zu realisieren, die einem das Leben oder Unternehmen bietet, ist eine Art von Selbstmanagement, das geübt werden kann. Dieser Blick auf die Welt hält uns auch für andere Möglichkeiten offen. Sich auf eine Strecke zu konzentrieren bedeutet also keineswegs, unflexibel zu sein. Es ist möglich, auf etwas zuzugehen und gleichzeitig zu bemerken, dass noch weitere Chancen winken. Vielleicht überholt sogar ein Ziel das andere ...

Die zwei Motivationsformen

Extrinsische Motivation: Sie kommt von außen, zum Beispiel über eine Gehaltserhöhung, ein Lob oder eine Freundin, die uns zum Joggen mitnimmt. Sie bekommen von außen einen Anreiz und reagieren darauf mit Aktion. Das kann gut sein, allerdings wird es kritisch, wenn Sie nur auf diese Weise Ihren Wert oder Ihre Erfolge messen lassen, denn bei der extrinsischen Motivation sind Sie auf andere angewiesen.

Intrinsische Motivation: Sie steckt in uns selbst. So joggen wir auch alleine, weil wir einfach Spaß daran haben, bei Wind und Wetter über diese Wiesen zu laufen. Es ist die innere Freude, die Lust, sich mit etwas zu beschäftigen, etwas anzustreben, anzugehen, sich weiterzubilden, auf den Weg zu machen. Das kann Ehrgeiz sein, Spieltrieb, Spaß an der persönlichen Weiterentwicklung, Hilfsbereitschaft und vieles mehr. Es ist nicht nötig, dass Sie das Rad ständig neu erfinden. Schöpfen Sie aus vergangenen Erfolgen: Wie haben Sie es da geschafft, am Ball zu bleiben oder ihn zur rechten Zeit ins Tor zu bugsieren?

In diesem Motivationssinne geht auch Pippi sehr forsch und mit einer eindeutigen Haltung in den Laden: Sie will Bonbons. Sie schlendert nicht die Einkaufsmeile hinunter, um mal zu schauen, in welchen Laden es sie treibt. Stattdessen steuert sie schnurstracks darauf zu. Im beruflichen Kontext hieße das: Nehmen Sie alles unter die Lupe, was sich Ihnen bietet. Aber wählen Sie auch eigene Ziele, um das Gewünschte und Zufällige bestenfalls in Einklang bringen zu können. Alles, was mit *gezieltem Finden* zu tun hat, fällt unter das Stichwort Zielmanagement.

Fragen Sie sich:

- Welche Ziele verfolge ich gerade?
- Sind ein paar lustige Orangendrops dabei?
- Haben sich ein paar saure Fische drunter versteckt?
- Brausebonbons oder Schokolädchen, in denen sich ein Orakelspruch versteckt?

Ziele sind lebendig

Wir tun gut daran, Ziele zu haben, diese von allen Seiten zu betrachten und immer wieder zu überprüfen. Gut möglich, dass wir bei genauerem Hinschauen neben oder in dem anvisierten Ziel noch einen zweiten sehr attraktiven Gedanken entdecken. Einen, der bislang vor sich hin schlummerte – der Ihnen aber womöglich noch mehr Erfüllung und frische Karrierechancen bescheren könnte als das primäre Ziel, das Sie derzeit verfolgen.

Wir denken da an eine Frau, die einen Laden mit ihren eigenen Süßwaren eröffnen wollte. Gute Idee … Allerdings kamen schon ein paar andere ebenfalls auf den Gedanken. Mmmh. »Wieso ein Laden?« fragten wir. »Weil ich gerne mit Menschen arbeite, gerne berate, mit Leuten zusammen bin.« Aha! Es stellte sich also heraus, die Süßwaren standen gar nicht an erster Stelle. Umso besser, es gibt nämlich tausend andere Möglichkeiten mit Menschen zusammen zu arbeiten, sie zu beraten und etwas zu teilen. Gut zu wissen, denn nun kann neben dem Ladenplan auch eine Alternative reflektiert werden. Allerdings, ob links oder rechts, damit überhaupt ein Schritt getan wird, braucht es einen Plan und damit eine mögliche Neuausrichtung eines Ziels.

Man unterscheidet zwischen Nahzielen (oder auch Zwischenzielen), mittelfristigen Zielen und langfristigen Zielen. Nahziele haben den Vorteil, dass wir sie ziemlich schnell überprüfen können: Entweder erreichen wir sie mühelos, weil sie realistisch sind, oder wir erkennen, dass wir den falschen Weg eingeschlagen haben. Und das lässt sich leicht korrigieren. Daher ist es sinnvoll, sich neben langfristigen Zielen auch immer diverse (erreichbare!) Nahziele zu setzen: Das stärkt Motivation und Ausdauer. Vorausgesetzt, Sie nehmen auch mit allen Sinnen wahr, wenn Sie ein Ziel erreicht haben. Feiern Sie sich gebührend? Ein Gefühl dafür bekommen Sie bei einer »Vorher-nachher«-Betrachtung. Nur so können Sie klar erkennen, ob beziehungsweise dass Sie Ihren Wissensstand oder Aktionsradius ein Stückchen erweitert haben. Die nachfolgende Checkliste zur persönlichen Zielplanung hilft Ihnen dabei, den Umgang mit Ihren Zielen zu systematisieren – und überprüfbar zu machen.

Ihre persönliche Zielplanung

- *Ein Ziel sollte prinzipiell erreichbar sein.* Sonst ist der Frust vorprogrammiert. Nur wenn Ihnen die Umsetzung möglich ist und sie bestenfalls in Ihrem eigenen Einflussbereich liegt, können Sie den Weg dorthin selbst steuern und vorantreiben.

- *Das Ziel sollte konkret definiert sein.* Dann ist es gut greifbar und anderen leicht zu vermitteln.

- *Das Ziel sollte positiv und lösungsorientiert formuliert sein.* Negation oder Vergleiche sind tabu. Die positive Formulierung transportiert ein »Hin-zu-etwas-Neuem« anstelle eines »Weg-von-etwas-Altem«. Negativziele wie »Ich will nicht mehr so zurückhaltend sein« zeigen nicht auf, was oder wie Sie etwas wollen, sondern beschreiben nur, dass Sie dies oder jenes vermeiden möchten. Wenn Sie also nicht zurückhaltend sein wollen, was wollen Sie dann?

- *Das Ziel sollte in einen Kontext eingebunden sein.* Dazu gehören Kategorien wie Beruf und Freizeit, aber auch Ort, Personen und Zeitraum der Verwirklichung. Das hilft bei der Zielerreichung.

- *Das Ziel sollte überprüfbar sein.* Die Frage »Woran merkst du, dass dein Ziel erreicht ist, beziehungsweise bei langfristigen Zielen, dass du auf dem richtigen Weg bist?« ist eine Möglichkeit, Überprüfungskriterien und Zwischenziele zu identifizieren.

- *Die Erfüllung des Ziels sollte keine veränderbaren negativen Folgen oder untragbare Nebenwirkungen haben.* Ziele, die nicht »sinnvoll« sind, untergraben Menschen mit Selbstboykott. Also lieber so lange formulieren, bis das Ziel passt und »schmeckt«.

Sie merken es wahrscheinlich schon: Das Thema Ziele betrifft uns in allen Lebenslagen und Situationen! Nicht umsonst gibt es Regale voller Bücher allein zu diesem Thema.

Einig aber ist man sich darin, dass die sogenannten SMART-Kriterien entscheidend für die Zieldefinition sind.

Die Smart-Kriterien für die Zieldefinition

Selbstbezogen: Die Erreichbarkeit liegt in Ihrer Macht.

Messbar: Ihr Ziel ist klar feststellbar.

Attraktiv: Für Sie persönlich!

Realistisch: Gemessen an Ihren Möglichkeiten

Terminiert: Es ist klar, bis wann Sie das Ziel erreicht haben sollten.

Vielleicht möchten Sie aber auch lieber in Zöpfen denken … Hier die PIPPILOTTA-Kriterien:

Phantasievoll: Greifen Sie sich die Bonbons – das Aussortieren kommt später.

Individuell: Finden Sie heraus, was Ihnen »schmeckt«.

Power: Lassen Sie sich Ziele unbeschwert und unbescheiden schmecken.

Praktisch: Passt das Ziel in Ihre »Hosentasche«?

Ideenreich: Lässt sich Ihre Hosentasche gegebenenfalls entsprechend erweitern?

Liebenswert: Sie müssen Ihr Ziel schon mögen, wenn nicht sogar lieben.

Organisiert: Was brauchen Sie für diese Erfahrung?

Therapeutisch: Fühlen Sie in sich hinein, ob alles passt.

Tankstelle: Wer oder was gibt Ihnen Kraft?

Anfang: Wann geht's los?

Jetzt sind Sie dran: Formulieren Sie Ihr Ziel den verschiedenen Kriterien entsprechend – und achten Sie darauf, dass alles nach Himbeeren und Schokolade schmeckt.

Mein wunderbares Ziel

Ich beabsichtige, in/bis .... Folgendes umzusetzen:

....

....

....

....

....

....

Damit ich das Ziel auch mühelos erreiche, habe ich die drei folgenden Zwischenziele gewählt:

1. ....

2. ....

3. ....

Ich freue mich darauf, dieses Ziel zu erreichen, weil ich damit folgenden Sinn/Wert verbinde:

....

....

....

....

Wenn ich das Ziel erreicht habe, werde ich mich darüber hinaus mit .... belohnen.

Ich merke, dass ich mein Ziel erreicht habe, wenn Folgendes passiert:

....

....

....

....

Und nicht vergessen: Sie sind nicht alleine mit Ihren Zielen, sondern meist Teil eines sozialen oder beruflichen Netzwerks (siehe Kapitel 8: »Sinn und Zweck von Netzwerken«).

Gibt es in Ihrem Umfeld Menschen, die Sie auf dem Weg zum Ziel unterstützen können? Eine Annika oder einen Tommy?

Menschen tun gut. Und viele von ihnen sind Unterstützer. Greifen Sie – wie im Bonbonladen – auch bei diesen zwischenmenschlichen Angeboten beherzt zu. Eine Hand wäscht die andere – und in der nächsten Runde sind vielleicht Sie als Unterstützerin gefragt. Immerhin sind wir ja nicht nur auf der Welt, um Ziele zu erreichen, sondern auch, um einander Freund und Netzwerkpartnerin zu sein. Es tut ebenso gut, Hilfe zu geben wie die Unterstützung anderer Menschen anzunehmen. Jeder ist jedem irgendwann einmal ein kleines Stück voraus oder hinkt etwas hinterher.

Werden Sie Visionärin!

Damit Sie richtig Lust auf die Verwirklichung bekommen, braucht es wieder bunte Bilder, das heißt, Sie sollten Ihre Ziele visualisieren. Ist das Ziel attraktiv, reagiert Ihr Unterbewusstsein mit einem glücklichen Grinsen auf dem Gesicht. Ihr Lächeln ist eine gute Möglichkeit zu überprüfen, ob Sie das auserkorene Ziel auch wirklich erreichen wollen, sprich: ob es ein Herzensanliegen ist. Am besten probieren Sie es aus …

Schließen Sie die Augen und stellen Sie sich den Moment des Erfolges vor. Zaubert diese Vorstellung ein Lächeln auf Ihr Gesicht?

Dieses freudige Lächeln ist übrigens die schnellste Zieloptimierung, die es gibt. Stellt es sich nicht ein, ist das Ziel noch nicht perfekt. Ist es breit wie das einer Grinsekatze, würden Sie am liebsten sofort durchstarten.

Das Visualisieren hat aber noch einen positiven Nebeneffekt. Je genauer Sie wissen, was Sie motiviert, desto schneller entdecken Sie auch, was Sie benötigen, um dauerhaft motiviert zu sein, und ob eine Unterstützung von anderen Menschen, zum Beispiel von Ihrem Team, in das Zielbild integriert werden sollte.

Häufig stellen wir übrigens fest, dass Menschen dem, was sie sich wünschen, bereits schon viel näher sind, als sie dachten. Manche haben ihr Ziel sogar längst, aber unbemerkt erreicht. So wollte eine Kollegin von uns gerne Coach werden und formulierte dies als zukünftiges Ziel, dekoriert mit einer Menge Fragezeichen. Als wir mit ihr darüber sprachen, kam heraus, dass sie bereits seit Längerem Telefoncoaching gab. »Aber das ist doch Coaching«, lächelten wir. »Stimmt eigentlich«, nickte sie verblüfft. Sie hatte das Telefon einfach nicht in ihren inneren Film eingebaut, sah Coaching immer nur in einem direkten Gegenüber. Nun ging es also nicht mehr darum, mit dem Coaching zu beginnen, sondern ihr Coachingangebot um ein Face-to-Face-Coaching zu erweitern. Das war viel einfacher als die Überlegung, etwas komplett Neues zu beginnen.

Vielleicht sind auch Sie schön näher an Ihrem Ziel, als Sie denken.

Wir finden auch dafür die Skalierung praktisch: Zeichnen Sie Ihr Ziel doch mal ein ...

0 % .... 50 % .... 100 %

Ziel noch weit weg — Ziel erreicht

Nun? Wo stehen Sie? Die meisten Menschen setzen ihr Kreuzchen im Bereich 40 bis 60 Prozent. Das ist immerhin schon die Hälfte. Sehr viele sehen sich auch bei etwa 70 Prozent. Damit ist das Ziel ja eigentlich schon erreicht, insbesondere wenn man bedenkt, dass sich die meisten Männer an diesem Punkt bereits als »langjährige Experten« fühlen und geben.

Möglicherweise haben Sie auch mehrere Ziele. Stockt Ihnen bei der Vorstellung der Atem? Ist das zu groß, zu unverschämt gedacht? Sind das schon wieder ein paar Bonbons zu viel? Wenn ja, dann blättern Sie zurück und besuchen Sie zusammen mit Pippi Langstrumpf erneut den Bonbonladen. Es gibt viel zu naschen, und es ist genug für alle da. Auch wenn es um die großen Bonbons im Leben geht. Tatsächlich mangelt es bei vielem, was wir erreichen wollen, weder an Wissen noch an Zielmanagement oder Zeit, sondern weit häufiger wagen wir einfach nicht zu träumen; oder wir durchdenken das Ziel nicht so, dass erste Schritte möglich wären. Als die ersten Eisenbahnschienen gelegt wurden, konnten sich die wenigsten Menschen vorstellen, was es genau bedeutet, sich mit einem Zug Hunderte von Kilometern über Schienen zu bewegen. Aber es gab jene Menschen, die eine Vision hatten!

Also fangen Sie mit Ihrem persönlichen Ziele-Projekt am besten hier und jetzt im Bonbonladen an: Sicher gibt Ihnen Pippi ein paar von den Leckereien ab. Und dann sitzen Sie gemeinsam in der Sonne, lutschen die wunderbaren Drops, stopfen sich die Backen wieder und wieder voll und träumen gemeinsam davon, welche Schienen in Ihrem Leben Sie in die berufliche Freude führen.

3

Pippilotta ist merkwürdig – Sie auch!

»*Pippi war (...) das merkwürdigste Kind, das Tommy und Annika je gesehen hatten.*«[7] Das erfahren wir gleich zu Beginn der Pippi-Langstrumpf-Geschichte. Und wer kann den beiden diesen Eindruck verdenken? Immerhin ist dieses »merkwürdige Kind«, das da in ihr Leben spaziert kommt, schon optisch nicht mit den Kindern aus der Nachbarschaft zu vergleichen, da muss Pippi Langstrumpf noch kein einziges Wort gesagt haben: Sie hat rote Zöpfe, bunte Ringelstrümpfe und sogar ihre Schuhe wirken unterschiedlich groß. Tommy und Annika beäugen Pippi – und werden sich ab jetzt bestimmt immer an sie erinnern.

Darüber hinaus schließen sie von Pippis Auftreten und Aussehen auf deren Persönlichkeit. Sie zählen eins und eins zusammen und gehen davon aus, dass die Bekanntschaft mit Pippi ihr Leben verändern wird. Tommy liegt ganz richtig, indem er erkennt, »*dass der Tag heute sicher keiner der langweiligen*«[8] sein wird. Denn tatsächlich bringt Pippi vom ersten Moment an Farbe, neue Erkenntnisse und Abenteuer in das Leben von Tommy und Annika – durch jenes Anderssein, Merkwürdige, das auch die erwachsene Pippilotta kennzeichnet. Pippi hat etwas an sich, das unvergesslich ist und sie von allen anderen Kindern unterscheidet. Sie ist besonders und freut sich ganz offensichtlich darüber. Tommy und Annika möchten sie schnell näher kennenlernen, sie unbedingt »behalten« und an sich binden. Damit gelingt ihr mühelos das, was viele Menschen mithilfe von PR-Beratern und Stylisten zu erreichen versuchen: sich interessant machen, sich vom Mainstream abheben und für sich Werbung machen (siehe auch Kapitel 5: »Präsenz mit Sommersprossen«). Eine Portion Pippi tut sehr gut, will man im Gedächtnis anderer haften bleiben oder ein Territorium für sich gewinnen, eine Aufgabe, ein Projekt oder eine Verantwortung. Die gezielt positionierte Merkwürdigkeit ist dabei überaus hilfreich. Wir finden ja, dass das Wort »merkwürdig« schon viel zu lange abwertend für »sonderbar« verwendet wird: Nachbarn, die sich anders verhalten als alle anderen, sind merkwürdig. Auch Menschen, die auf der Straße vor sich hin murmeln, werden gerne als merkwürdig bezeichnet. So wollen wir nicht gesehen werden! Nein, unsere Wortdefinition ist eine andere: Wer merk-würdig ist, hat etwas an sich, das man sich merkt. Und das ist so besonders, dass es würdig ist, im Gedächtnis zu bleiben. Klingt doch gleich ganz anders, oder?

Nicht nur Pippi Langstrumpf, wir alle haben so einiges, das uns von anderen unterscheidet und damit einzigartig macht. Wir dürfen darauf stolz sein und sollten unsere Besonderheit pflegen. »Sei einzigartig, von den anderen gibt es schon genug«, steht auf einer dieser Motivationspostkarten, die es an jeder Ecke zu kaufen gibt. Dennoch machen vor allem Frauen oft genau das Gegenteil. Bevor wir darauf eingehen, warum es den meisten Frauen trotz vieler ermutigender Sprüche so schwerfällt, besonders zu sein und durch Merkwürdigkeit aufzufallen, wollen wir Sie dazu ermuntern, einen ersten unverstellten Blick auf die eigene Besonderheit zu werfen.

Eine Annäherung: Was ist an Ihnen merkwürdig?

Nehmen Sie sich Papier und Stift und sammeln Sie all jene Eigenschaften, die Sie an sich selbst (oder andere an Ihnen) besonders und somit merkwürdig finden.

Ist es ...

- Ihre Art, sich zu kleiden?
- Ihr unbekümmerter Umgang mit Menschen?
- Ihr sicheres Gespür für die Befindlichkeiten anderer?
- Ihre fast schon prophetische Weitsicht?
- Ihr außergewöhnliches Organisationstalent?
- Ihr ansteckender Optimismus?
- Ihre Fähigkeit, selbst im größten Chaos den Überblick zu behalten?

- Ihre Herzlichkeit?
- Ihr Durchhaltevermögen?
- Ihr Witz?
- Ihr Mut?

Sicher fallen Ihnen noch andere Beschreibungen ein.

Vermutlich geht es Ihnen wie vielen anderen Frauen, mit denen wir diese Übung machen: Nicht wenige Ihrer gesammelten Merkwürdigkeiten werden in letzter Konsequenz der Schublade »typisch weiblich« zugeordnet, als ob es deshalb weniger wert, weniger merk-würdig wäre. Oft handelt es sich dabei um sogenannte weiche Faktoren, also Eigenschaften wie Intuition, Kreativität und Empathie, die nicht im klassischen Sinne messbar sind. Im Nu öffnen sich da längst überholte Schubladen: auf der einen Seite das starke, manchmal rücksichtslose, aber stets klare, durchsetzungsfähige Männliche (so wie Tommys Vater), auf der anderen Seite die schwächeren, gefühlsbetonteren, irgendwie sanfteren Frauen, die schon als Mädchen Annikas waren. Sich zu zeigen ist auch für erwachsene Annikas ungewohnt. Viele Frauen sehnen sich zwar nach Pippi-Eigenschaften, halten jedoch an den Annika-Eigenschaften wie der freundlichen Zurückhaltung, die anderen Menschen den Raum für ihren Auftritt lässt, fest.

So gesehen hat Pippi Glück. Es gibt niemanden, der sie begrenzt, aber auch niemanden, der sie verwöhnt oder versorgt. Sie muss auf sich selbst achten und für sich selbst sorgen. Da sie dies aber sehr bewusst tut und weiß, was sie kann, nimmt sie ihre Wünsche ernst und erfüllt sie sich auch. Ebenso genau weiß Pippi, mit welchen Menschen sie gerne spielt! Ohne zu zögern, sieht sie sich in ihrem Umfeld um, spricht andere an – und wenn sie möchte, lädt sie diese Menschen in ihr Haus oder zu kleinen Projekten ein. Vielen von uns ist ein solches Selbstbewusstsein fremd; wir Frauen sind eher eine gewisse Scheu und Zurückhaltung gewohnt. Erst einmal abwarten, denken wir und erinnern uns daran, dass Annikas dazu erzogen wurden, erst auf die Anliegen anderer Menschen zu achten, bevor sie losstürmen, um eigene Ideen zu vertreten. In unseren Beratungen wird dies dann etwa so formuliert: »Männer plustern sich in den Sitzungen immer so auf. Das ist derart zeitraubend ... Ich sage meine Punkte kurz und bündig, weil ich bei diesem männlichen Schaulaufen einfach nicht mitmachen will.« Frauen sind also nicht nur zurückhaltend, sondern kaschieren darüber hinaus fast bockig ihre Einzigartigkeit: »Ich will nicht so sein, nicht so gockelig, angeberisch, in Worthülsen redend, aufgedreht, eitel ...« Sie finden es ganz richtig, dabei nicht mitzumachen? Das Problem ist nur: Wer immer anderen Raum gibt und sie vorlässt, bleibt auf der Karriereleiter stehen. Und das sind leider häufig Frauen! Ihre hinderliche Bescheidenheit verstecken sie gerne hinter der Maske eines vermeintlichen Teamdenkens und all den anderen Eigenschaften, die das berufliche Miteinander so wunderbar harmonisch machen. Es klingt ja auch gut, wenn einem Empathie, Hilfsbereitschaft, Teamgeist und Belastbarkeit als besondere Qualitäten attestiert werden. Zumindest auf den ersten Blick. Denn wenn wir genau hinschauen, haben diese Qualitäten neben ihrer sympathischen Schokoladenseite leider auch eine Kehrseite:

- Empathie macht uns stark, wenn wir es schaffen, uns in andere hineinzuversetzen ... und schwach, wenn wir das Seelenleben anderer zu nah an uns heranlassen.

- Teamgeist bringt uns weiter, wenn wir mit unseren Kolleginnen und Kollegen gemeinsam vorpreschen ... und hindert uns bei falsch verstandener Rücksichtnahme.

- Hilfsbereitschaft macht uns zu einer sympathischen Kollegin ... aber leider auch zu einer Person, die schnell ausgenutzt wird.

- Belastbarkeit ist für unseren Arbeitgeber eine herausragende Eigenschaft ... für unseren Kollegen die Einladung, lästige Arbeiten auf uns abzuwälzen.

Die Liste ließe sich durchaus fortsetzen und vermutlich haben Sie sich selbst auch schon an der einen oder anderen Stelle wiedererkannt. Die entscheidende Frage ist daher, wie Sie aus dieser Falle herauskommen oder gar nicht erst hineintappen. Wie bringen Sie Ihre Stärken als Frau im Berufsleben ein, ohne dadurch automatisch in alte Rollenmuster zu rutschen?

Die gute Botschaft: Um in Zukunft den Raum selbst einzunehmen und den anderen im Gedächtnis zu bleiben, müssen Sie weder gockelig, noch angeberisch, aufgedreht oder eitel sein. Auch Worthülsen dürfen Sie vermeiden. Sie können männlichen Konkurrenzspielen nämlich mit Strategie begegnen! Doch das funktioniert nur, wenn Sie bereit sind, trotz aller ungewohnten Gefühle offen zu zeigen, wie merkwürdig Sie sind.

Der weibliche Weg der Merkwürdigkeit

Es ist ein verbreitetes Phänomen, dass Frauen dazu neigen, ihre Einzigartigkeit eher zu vertuschen als zu betonen. Männer hingegen nutzen das, was sie von anderen Menschen unterscheidet, viel selbstverständlicher für ihre Selbst-PR (siehe Kapitel 6: »Mit kluger Selbst-PR immer im Gespräch bleiben«). Firmen bieten ihren weiblichen Mitarbeiterinnen deshalb zunehmend individuelle Beratungen und Networking-Seminare an, damit sie lernen, zu sich zu stehen, und von anderen Frauen profitieren. Es geht um Austausch und darum zu erkennen, dass Frauen viel zum unternehmerischen Erfolg beitragen. Diesen Weg zu mehr Weiblichkeit unterstützen Unternehmen natürlich nicht aus purer Frauenfreundlichkeit, sondern weil sie davon profitieren, denn längst ist klar: Unternehmen, die Frauen in die Führung lassen, schreiben häufiger schwarze Zahlen. Und mit Frauen meinen wir tatsächlich Frauen mit all ihren weiblichen Qualitäten und nicht Frauen, die sich ein maskulines Auftreten antrainieren. Unternehmerisch betrachtet wäre das auch ziemlich dumm, denn wer Männerposen will, kann auch gleich bei den verstaubten »Männergesangsvereinen« bleiben. Der Umweg über Schulterpolster, wie er in den Achtzigern angesagt war, ist passé.

Warum aber sehen viele Frauen ihre weibliche Chance nicht? Warum scheuen sie davor zurück, ihre »weibliche Macht« zu zeigen?

Warum es sich lohnt, eine Marke zu sein

Jeder Mensch hat seine eigene Herkunft, seinen ganz persönlichen Werdegang, seine Sozialisation. Daneben gibt es individuelle Begabungen, Fähigkeiten und Talente, was in der Fachliteratur unter dem Begriff »Anlagen« zusammengefasst wird. Wir haben diese Schätze bereits betrachtet – und nun heißt es, davon noch mal auf ganze andere Weise zu profitieren. All das, was an Ihnen auffällig ist – und sei es in Form einer Macke –, kann genutzt werden, denn Sie schaffen sich damit ein Profil. Für andere Menschen werden Sie so zu einer Frau, die bewusst gesehen sein will und es als angenehm empfindet, sich von anderen Menschen zu unterscheiden.

Aus unternehmerischer Perspektive betrachtet: Machen Sie aus sich eine Marke. Was bei Wein, Würstchen, Autos und Kosmetik klappt, muss nach dem Gesetz der Serie auch auf Persönlichkeiten übertragbar sein. Eine Marke zu etablieren nennt man »Branding«; somit stehen beim »Human Branding« nicht ein Produkt und Unternehmen, sondern der individuelle Mensch und sein Image im Fokus der Werbestrategie. Sie!

Wie bei einer klassischen Markenstrategie sollten Sie genau wissen, was Sie als Marke ausmacht. Legen Sie Ihren »Markenkern« frei ...

1. Wären Sie eine Marke wie Porsche, Nivea oder dm: Was würde Sie einzigartig machen? Es gibt zig Autohersteller und unzählige Kosmetikprodukte. Wenn eine neue Creme auf dem Markt Erfolg haben soll, muss das Unternehmen kommunizieren, worin sich diese Creme von anderen unterscheidet.

2. Wodurch unterscheiden Sie sich von anderen Menschen? Können Sie andere zum Lachen bringen oder gut auf den Tisch hauen? Bleiben Sie noch sachlich, wenn alle anderen schon durchdrehen? Können Sie gut singen, tanzen, Feste arrangieren? Was ist Ihr USP (Unique Selling Proposition)/Alleinstellungsmerkmal? Falls Ihnen dazu auf Anhieb nichts einfällt, fragen Sie doch mal in die Runde. Lassen Sie sich mit einem Satz beschreiben. Das ist spannend und häufig ziemlich überraschend. Außerdem erfahren Sie auf diese Weise eine Menge über das Bild, das andere Menschen von Ihnen haben.

3. Und wissen Sie schon, wie Sie den Markt erobern wollen? Mit einem Knall, einschleichend oder als Traditionsprodukt?

4. Wie bekannt sind Sie auf dem Markt? Beschreiben Sie sich so, als würden Sie einen Werbefilm mit sich drehen.

5. Wie können Sie Ihre Zielgruppe für sich gewinnen? Sie müssen Ihren individuellen Wert benennen können, sonst ist die Gefahr groß, ein »No Name« oder ein »Me too«-Produkt zu werden.

Wer sich selbst als Marke versteht, tritt viel selbstbewusster auf, zeigt Freude am eigenen Ich, wirkt meistens natürlich und hat seine persönlichen Schwächen nicht nur akzeptiert, sondern weiß diese auch einzusetzen. Egal, ob es sich um Sommersprossen handelt, einen auffälligen Dialekt, das geordnete Chaos oder die Macke, jeden Arbeitstag mit einem Scherz für die Allgemeinheit zu beginnen. Was immer Sie auch als »Markenzeichen« wählen, zeigen Sie es stolz. Mit der Zeit wird sich Ihr Markenzeichen etablieren – und solange die Menschen neugierig und positiv reagieren, liegen Sie mit Ihrer Markenstrategie richtig: Sie werden wahrgenommen.

Was bringt das Markendenken?

Bestimmte Facetten werden nicht mehr kaschiert, sondern Sie zeigen sie voller Stolz.

Die Kontaktaufnahme zu anderen Menschen wird erleichtert.

Sie kommen besser an – weil Sie zu sich stehen und sich im besten Fall klasse finden.

Das (Berufs-)Leben wird insgesamt bunter und leichter.

Sie sind auch offener für andere bunte Menschen.

Klingt richtig gut und nach Spaß im Job, oder? Doch statt sich an ihrer Einzigartigkeit zu erfreuen und diese zu pflegen, blockieren sich viele Frauen, indem sie versuchen, sich anzupassen, und sich ständig mit anderen vergleichen – wobei sie meist die gefühlt unterlegene Position einnehmen.

Frauen empfinden sich gegenüber anderen Frauen häufig als …

- nicht so erfolgreich.

- nicht so wortgewandt.
- weniger durchsetzungsfähig.
- unscheinbar.
- weniger klug.
- ziemlich unattraktiv.

Es gibt eine Menge, woran es Frauen mangelt, erlaubt man ihnen, diese Liste aufzumachen. Selbst bei auf Spaß und Ausgelassenheit ausgerichtete Sportarten, wie es Zumba versucht zu sein, melden sich Minderwertigkeitsgefühle: Die anderen tanzen alle viel schneller und bewegen sich schöner und schwitzen nicht so schrecklich (oder schwitzen viel mehr), und bei den anderen sitzt die Frisur tadellos.

Die Palette an Möglichkeiten für diese kleinen, fiesen Unterlegenheitsgefühle ist breit: Noch ehe wir es selbst merken, finden diese ihren Weg und nisten sich im Unterbewusstsein ein. Das permanente Vergleichen ist deshalb pures Gift, weil wir unsere Einzigartigkeit damit verhöhnen. Insofern ist Pippi uns viele Nasenlängen voraus. Sie vergleicht sich nicht, sondern findet sich genau richtig und passend, wie sie ist. Möglich, dass das an ihrem guten Vaterverhältnis liegt. Denn Frauen, die sich von ihrem Vater angenommen und gefördert fühlten, sollen ein besonders gesundes Selbstwertgefühl haben. Und obgleich Pippis Vater meist auf den Weltmeeren unterwegs ist, fühlt sie sich doch von ihm geliebt und von seinem Vertrauen getragen.

»›Mach, was du willst‹«[9], sagt ihr Vater zu ihr, als sie ihn im letzten Kapitel des zweiten Buches doch nicht in die Karibik begleiten will, sondern lieber bei Tommy und Annika bleibt. *»›Das hast du immer getan.‹«*[10] Stets stimmt er seiner Tochter vertrauensvoll zu, wenn Pippi etwas für sich in Anspruch nimmt – so merkwürdig es auch sein mag.

Auch Sie besaßen einst diese wertschätzende Selbstsicherheit, obwohl Sie vermutlich keinen Kapitän als Vater hatten. Es gab eine Zeit in Ihrem Leben, in der auch Sie eine kleine Pippi waren. Sie waren die Heldin in Ihrem Leben. Diese Zeit war je nach Lebensumfeld und Elternhaus länger oder kürzer, aber sie war da. Babys finden sich nämlich gut so, wie sie sind. Vielleicht haben sie Bauchweh, Hunger oder Langeweile, aber sie meckern nicht an sich herum, weil ihre Oberschenkel dicker sind, der Daumen weniger schnell zum Mund findet oder das Baby im Kinderwagen nebenan lauter brüllt. Es war Ihnen damals auch egal, wie mickrig Ihr Kinderwagen war. Für Sie war er genau richtig. Erst mit dem bewussten Wahrnehmen der anderen Menschen kam auch das Vergleichen: Sie fingen an zu erkennen, dass es Kinder gab, die mehr Geschenke zu Weihnachten bekamen, die öfter mit ihren Eltern ans Meer fuhren; und Sie konnten die vielen Kinder in der TV-Werbung beobachten, die irgendetwas besser machten und dafür begehrte Belohnungen erhielten. Darüber hinaus sagten Ihre Eltern möglicherweise Sätze wie:

»Schau dir mal die Irina an, die macht das sehr schön!«

»Warum kannst du nicht auch einfach mal so brav und leise sein wie Sophie?«

»Guck mal, die Olga, wie hübsch die malt. Malst du Mami auch so ein Bild? Da würde sie sich freuen!«

Niemand kann in seine Babyhaut zurück, aber wir sind davon überzeugt, dass diese gedankliche Reise in die Kinderschuhe dabei hilft, das eigene Verhalten besser zu verstehen: Dass Sie sich heute so oft unterlegen fühlen und den großen Auftritt meiden, haben Sie in Ihrer Kindheit gelernt. Die anderen – wahrscheinlich überwiegend getunte Annikas – waren ja schon immer fleißiger, schöner, besser, nicht wahr? Kaum ein Elternteil empfiehlt seinem Kind ernsthaft, sich an Pippi Langstrumpf zu orientieren. Beruflich erfolgreich und mit sich und dem Leben zufrieden sind allerdings nicht etwa die stillen, bescheidenen Einserkandidaten, sondern die ebenso eigensinnigen wie selbstbewussten Pippilotta-Persönlichkeiten.

Vergleiche, die anspornen

Sich mit anderen Menschen zu vergleichen kann aber durchaus eine gute Sache sein – vorausgesetzt, daraus entsteht eine Idee zur persönlichen Weiterentwicklung. Denken Sie an die vielen Role-Models, die Frauen heute zur Verfügung stehen! Ein gutes Beispiel dafür ist die Internetseite »Spitzenfrauen« (www.spitzenfrauen-bw.de). Das »Abgucken« eröffnet den Besucherinnen der Webseite ein größeres Entwicklungsspektrum – und damit alles andere als eine Möglichkeit, sich klein und unbedeutend zu fühlen. Auch Pippilotta könnte durchaus eine dieser Spitzenfrauen sein. Wenn wir eine Frau vor uns haben, die etwas aus unserer Sicht Großartiges macht, spornt uns dieser Ver- oder besser dieser *Ab*gleich an. Wir sind motiviert, wollen wissen, wie das geht. Statt also neidisch auf die anderen zu schielen, setzen wir uns auseinander mit diesen merk-würdigen Frauen – denn meist fallen sie auf die eine oder andere Weise aus dem Rahmen – und wollen uns bei ihnen etwas abschauen, das wir in unserem eigenen Leben verwenden können.

Pippi lehrt uns, dass es eine Bereicherung sein kann, sich von anderen Menschen zu unterscheiden. Warum nur »sein kann«? Weil wir unsere Einzigartigkeit schon genießen müssen, um den vollen Gewinn daraus zu ziehen.

Als Pippilotta unterwegs

»Damit es innovativ wird, braucht es kreabunt«, hieß es jüngst bei einer Veranstaltung, die Unternehmen dazu ermuntern wollte, mehr auf neue Produkte, Ideen und Abläufe zu setzen. Als Pippilotta unterwegs zu sein heißt, mit dieser Kreativität zu spielen. Unternehmen schmücken sich gerne mit Menschen, die eine schnelle Auffassungsgabe haben, ungewöhnlich denken und handeln und mit traumwandlerischer Sicherheit frische Themen wie Trüffel erschnüffeln. Menschen, die konsequent von A nach B denken und dabei versuchen, nirgendwo anzuecken und ja kein Risiko einzugehen, haben meistens eine Art von Tunnelblick und sind auf die Lösung fokussiert. Es braucht aber Weitblick, soll ein Unternehmen auf lange Sicht erfolgreich sein. Kreative Wege bergen immer ein gewisses Risiko, denn niemand kann garantieren, dass sich das innovative Produkt, die außergewöhnliche Maßnahme tatsächlich rentiert. Hinzu kommt, dass kreative und mutige Menschen den anderen Teammitgliedern häufig einen riesigen Schrecken einjagen, denn wo diese selbst erst einmal brav eine Konsensabfrage machen, werfen die unangepassten Kreativen plötzlich spielerisch Gedankenbälle in die Luft und laden ihre Kollegen und Kolleginnen zum spontanen Jonglieren ein. Erinnern wir uns an Thomas und Annika: Zwei wunderbare Teammitglieder, doch eine bahnbrechende Idee oder eine Überraschung ist weder von dem einen noch von der anderen zu erwarten.

1. Damit neue Ideen und Produkte entstehen können, braucht es eigenwillige, besondere, merkwürdige Menschen.

2. Um beruflich sichtbar zu sein, müssen wir uns zeigen und auffallen wollen.

3. Kleine Mädchen werden häufiger gelobt, wenn sie still einer Unterhaltung folgen. »Jemanden zu unterbrechen gehört sich nicht!«

4. Mädchen werden auf Gemeinsamkeit statt auf Abgrenzung gepolt. »Defensiv statt offensiv« lautet die Erziehungsparole für Mädchen.

5. Jungen lernen von klein auf, sich in Konkurrenzspielen wie Fußball zu behaupten.

Fazit: Frauen müssen lernen, ihre Buntheit zu zeigen, auch wenn sie damit aus dem (vermeintlich sicheren) Rahmen fallen. Hier sind Beharrlichkeit und Kraft gefragt. Zum einen, um von der eigenen Besonderheit, den eigenen sommersprossigen Facetten zu profitieren, zum anderen, um möglichst gelassen zu reagieren, wenn man nicht als Frau mit Ambitionen wahrgenommen oder sogar in eine Ecke gedrängt wird.

Wenn Sie auch nur ein bisschen von dem Sommersprossen-Gen in sich haben, dann merken Sie jetzt auf: Es ist wunderbar inspirierend und belebend, beschließt man endlich, das eigene Sommersprossen-Gen zu leben und damit den Annika-Schatten zu verlassen. Unsere eigene Erfahrung weiß, es blinkt eine Sommersprosse nach der anderen auf, richtet man seine Aufmerksamkeit auf die eigenen Fähigkeiten und Talente. Vor lauter Sommersprossen könnte man da fast auf die nächste Karrierestufe losstürzen und den Überblick verlieren. Zu verlockend, andere miteinzubeziehen und beruflich alles zu zeigen, was man hat und kann. Warum auch nicht, eine gelegentliche – aber bitte gut druchdachte – Performance spielt Sie in den Vordergrund.

Versuchen Sie so oft wie möglich, auf Ihre eigene Art berufliche Themen voranzutreiben:

- mit eigenen Folien in der Präsentation,
- mit Besonderheiten in Ihrem Auftreten,
- mit einer außergewöhnlichen Meeting-Atmosphäre.

Oder stellen Sie gezielte und interessierte Fragen. Damit fallen Sie ganz sicher auf (siehe auch Kapitel 5, »Präsenz mit Sommersprossen«).

»Aber werden die anderen mich noch mögen, wenn ich auf einmal so auffällig bin?« Diesen Einwand hören wir leider sehr häufig! Kaum ist der Mut gefunden, der Welt endlich einmal die eigenen Besonderheiten zu präsentieren, stoßen Frauen an die nächste Blockade: Sie wollen gewinnen und möchten auf keinen Fall verlieren. Also doch zurück auf »Annika«, die sichere Position? Oft genug bekommen wir ja mit, wie die bunten und nicht gleichförmigen Menschen belächelt werden. Gehen wir also einen Schritt zurück, denn zwischen Merkwürdig- und Abgedrehtsein liegen doch ein paar mehr Nuancen. Wenn Sie ein Talent haben und dies nun endlich zeigen, mutig zu Ihrem Dialekt oder Ihrer Leidenschaft für große Brillen stehen, dann gehen Sie anderen damit nicht auf die Nerven, sondern wirken anregend. Eine Pippilotta ist geistig ständig in Bewegung, weshalb die meisten Menschen sich von ihrer Nähe energetisiert fühlen. Selbst der verstaubteste Büromief wird mit Sauerstoff angereichert, wenn eine Pippilotta zugegen ist. Und schon bald trauen sich auch die Menschen in ihrer Umgebung mehr zu. Pippilottas sind wie sprudelnde Vitamintabletten, ihr Lebenselixier: Projekte und frische Strategien. So geht es auch Pippi Langstrumpf nie darum, sich überheblich von ihrem Gegenüber abzugrenzen. Ähnlich wie bei einer guten Sporttrainerin, die Sie durch Authentizität und persönliche Begeisterung motiviert und sich damit von jenen Trainern unterscheidet, die probieren, Sie künstlich aufgedreht zu animieren.

Echte Pippilottas …

- nehmen andere Menschen auf ihre Ideenreisen mit.
- sind großzügig und emotional.
- wollen sich mitteilen.
- ermuntern andere zu kreativem Querdenken.
- vermeiden eingefahrene Bahnen und Langeweile.

- tolerieren Fehler und Nichtkönnen auf dem Weg, solange Bereitschaft, Engagement und Wille sichtbar sind.

Deshalb ist auch Pippi Langstrumpf nie allein. Indem sie die eigene Buntheit akzeptiert und pflegt, zieht sie andere Kinder an und hilft ihnen dabei, gleichfalls stolz auf ihre Farbigkeit zu sein.

Von Herzen Sachensucherin

»Man muss sein Licht unter dem Scheffel hervorholen, sich über einen eigenen Erfolg oder den seines Teams freuen«, so eine Seminarteilnehmerin bei einer unserer Pippilotta-Veranstaltungen. »Die Begeisterung führt nicht nur zu den nächsten Erfolgen, sondern macht Erfolg auch sichtbar.«

Damit diese positive Selbstpräsentation glückt, ist es wichtig zu wissen, was man kann, und dieses Können dann mit gesundem Stolz auf den Präsentierteller zu heben. Genau wie Pippi Langstrumpf, die als Sachensucherin brilliert. Erfolg heißt also, Sachensucherin zu sein – und zwar im Baum der eigenen Talente, damit wir uns immer häufiger und immer lieber merkwürdig präsentieren können.

»›Was wollen wir jetzt machen?‹, fragte Tommy.

›Was ihr machen wollt, weiß ich nicht‹, sagte Pippi. ›Ich werde jedenfalls nicht auf der faulen Haut liegen. Ich bin nämlich ein Sachensucher, und da hat man niemals eine freie Stunde.‹

›Was hast du da gesagt, was du bist?‹, fragte Annika.

›Ein Sachensucher.‹

›Was ist das?‹, fragte Tommy.

›Jemand, der Sachen findet, wisst ihr. Was soll es anderes sein?‹, sagte Pippi.«[11]

Vermutlich hat sie dabei gelächelt – und schon waren die beiden Kinder ihr noch ein wenig mehr gewogen. Klug gemacht, kleine Pippi. Um sympathisch zu wirken, benötigt Merkwürdigkeit eine entscheidende Zutat: Menschenfreundlichkeit. Dieses Geheimnis gilt nicht nur für das Privat-, sondern auch für das Berufsleben: Jemand, der merkwürdig ist, ohne mit den Menschen in seinem Umfeld einen empathischen Austausch zu pflegen, ist früher oder später ein Außenseiter oder »komischer Kauz«.

Unsere Merkwürdigkeit unterscheidet uns von anderen Menschen. In Verbindung mit Herzenswärme und Respekt gegenüber anderen verwandelt sie sich in eine sympathische, mitunter begeisternde Einzigartigkeit.

Anderssein im Beruf

Jetzt ist es an der Zeit herauszufinden, worin Sie sich in beruflicher Hinsicht bereits von anderen unterscheiden und in Zukunft vielleicht noch besser unterscheiden können ...

- Was ist Ihre besondere Spezialität, Ihr persönlicher Zuckerguss?
- Wie werden Sie von Ihren Kolleginnen beschrieben?
- Welche fünf Verhaltensweisen sind besonders auffällig an Ihnen?

- Was gefällt Ihnen an sich selbst so gut, dass Sie am liebsten mehr davon zeigen würden?
- Gibt es Anekdoten, die Kollegen oft und gerne von Ihnen erzählen?
- Was tun Sie, wenn Sie so richtig ausgelassen sind?
- Wie verhalten Sie sich, wenn Sie sich in eine Aufgabe vertiefen?
- Wie binden Sie andere Menschen in Ihre Projekte ein?
- Welche Rolle spielen Sie im Team?
- Welche Rolle spielen Sie beim Mitarbeiterausflug oder bei der Weihnachtsfeier?
- Können Sie berufliche Erfolge teilen und feiern?
- Warum will man Sie unbedingt im Team, wenn es eine bestimmte Aufgabe zu erledigen gilt?

Ihre Antworten sind erste Hinweise darauf, was Sie auszeichnet – und anderen Menschen in Ihrem beruflichen Umfeld im Gedächtnis bleibt.

Eine Pippilotta will nie bewusst anders sein als die anderen. Und sie spielt auch keine Rolle, macht aus sich keine Kunst, sondern kennt ihre Schrullen und weiß, mit ihnen umzugehen. Ihre Wünsche spricht sie aus; und wenn sie etwas *nicht* möchte, zieht sie einen Strich.

Halten wir also fest: Klarheit im Verhalten ist für andere Menschen äußerst angenehm. Deswegen mögen wir Pippi Langstrumpf auch so.

Was selbstbestimmtes Verhalten auszeichnet

Wer selbstbestimmt lebt und sich nicht bis ins kleinste Detail um die Meinungen und Sichtweisen anderer Menschen kümmert, wird kaum zu hören kriegen: »Das macht man nicht! Lass das bleiben!« Als selbstbestimmter Mensch erziehen Sie sich nämlich selbst im Einklang mit dem, was Sie ausmacht, was Sie gerne tun – und ohne Vorurteile. Insofern wird es auch niemandem gelingen, Sie zu begrenzen, wenn Sie dies nicht einsehen und selber wollen. Sie bestimmen, was Ihre Kollegen und Vorgesetzten Merkwürdiges von Ihnen mitbekommen, und können es bewusst kultivieren, um dort, wo Sie es wünschen, noch einprägsamer zu werden. Nichts anderes meint *selbstbestimmt*. Selbst- und karrierebestimmt wäre zum Beispiel, auch einem Skeptiker mit Souveränität und Ruhe zu begegnen.

»Ja, meine Nachfragen sind anstrengend, ich weiß!«, sagen Sie schmunzelnd im Meeting und weisen damit freundlich auf eine ihrer Merkwürdigkeiten hin – und beweisen »nebenbei«, dass Sie mitdenken.

»Könnten wir bitte mal auf den Punkt kommen?«, insistieren Sie in der ausufernden Teambesprechung. »Ihr wisst doch, dass mir dieses ineffektive Palaver auf die Nerven geht.« Damit signalisieren Sie Rückgrat und dass Sie noch Wichtigeres zu tun haben.

»Was das soll?«, wiederholen Sie den Einwand bei einer Präsentation und verkünden im selben Atemzug: »Auch wenn es keiner von euch so sieht, ich finde es innovativ und gut.« Damit demonstrieren Sie, dass Sie auch bei Gegenwind aufrecht stehen und nicht zwingend Mitstreiter brauchen, um an eine Vision zu glauben.

Um sich an Sie zu erinnern, brauchen die Menschen in ihrer Umgebung kleine Haltegriffe an Ihrer Persönlichkeit. Diese sind menschlich und damit emotional. Das bleibt garantiert besser haften als ein glatt gebügelter Lebenslauf. Das Finden und Ehren der eigenen Merkwürdigkeit ist ein Weg, Karriere zu machen. Und kaum haben Sie die ersten Schritte auf diesem Karriereweg getan, spüren Sie auch schon Erfolge. Genau deshalb macht er so viel Spaß!

Womit wir wieder beim Anfangsgedanken dieses Kapitels angekommen wären ... Merkwürdig zu sein ist per se weder positiv noch negativ. Der Begriff ist sozusagen ein leeres Behältnis. Was merkwürdig ist, entscheiden Sie, beeinflusst von den Normen und Werten der Gesellschaft, in der Sie sich bewegen. Maden zu essen ist eklig oder eine Delikatesse – je nachdem, in welchem Land Sie aufgewachsen sind. Auch Ihre Piercings oder Ihre Vorliebe für Gartenzwerge werden Sie nur in bestimmten Situationen zur Schau stellen. Allerdings bleibt uns die freundliche Frau in Erinnerung, die Schlangen als Haustiere züchtet. Der junge Student, der in der Freizeit alte Toaster repariert. Die Frau, die den YouTube-Kanal wöchentlich mit einem Kurs in Japanisch bestückt. Und natürlich jener Kollege, der ehrenamtlich für die Telefonseelsorge arbeitet, und die junge Frau, die nachts über Zäune steigt, um Lebensmittel zu »retten«. Bei all diesen Beispielen handelt es sich um Merkwürdigkeiten.

Haben Sie den Mut, sich zu zeigen und auch mal querzustehen, wenn nötig. Gerade alte Vorschriften und Regeln eignen sich bestens, um sie endlich einmal zu brechen. Wenn Regeln gebrochen werden, entsteht Entrüstung, aber auch ein Vakuum, das Raum für Neues bietet.

Zu sich stehen heißt, merkwürdig zu sein.

Merkwürdig zu sein hilft dabei, sich abzugrenzen.

Sich abgrenzen bedeutet, die eigenen Grenzen zu kennen.

Die eigenen Grenzen zu kennen macht einzigartig.

4

Wie erleichternd es ist, nicht perfekt zu sein

Die Abenteuer der Pippi Langstrumpf wären nie ein Welterfolg geworden, hätte Pippi immer brav in der Stube gesessen, hätte sie fleißig gemacht, was man ihr aufträgt, und wäre sie so ehrgeizig gewesen, all das, was sie als Auftrag annimmt, nicht nur gut zu machen, sondern mit Perfektionismus zu toppen. Schaut man sich erwachsene Menschen an, die zu viel von dem Perfektionismus-Gen abbekommen haben, erinnern sie sehr an kleine Streber, die dauernd den Finger in die Höhe strecken und laut rufen: »Ich weiß was, ich kann was, gib es mir, ich mach es besser als all die anderen!« Allein die Vorstellung, mit solch einem Kind oder Erwachsenen zu tun zu haben, ist anstrengend, weil es bei ihnen ja nicht damit getan ist, einfach zu nicken. Nein, Menschen mit dem Drang, alles supergenau zu machen, benötigen permanente Rückversicherungen, dass auch wirklich alles sehr gut ist, man höchst zufrieden ist und man wirklich unendlich froh ist, dass man sich so auf ihn oder sie verlassen kann. Menschen, die perfekt sein wollen, fordern viel Aufmerksamkeit und ziehen deshalb oft eine Menge Energie.

Ein Beispiel:

Charlotta soll die Redaktion für die Kundenmailings übernehmen. Sie hat viele Ideen hinsichtlich des Layouts, überlegt sogar, eine neue Schrift entwickeln zu lassen, und bastelt Wochenende für Wochenende an Illustrationsvorlagen herum. Sie will es perfekt, weil sie weiß, dass Kundenbindung wichtig ist und weil sie sich mit den Mailings von der Konkurrenz absetzen will.

Das erste Mailing verschiebt sich deswegen um einige Wochen – und die anfängliche Begeisterung über Charlottas tolle Ideen verwandelt sich mehr und mehr in ein genervtes Augenrollen – hinter Charlottas Rücken. Diese Mailings kosten viel Energie, und zwar das ganze Team. Die KollegInnen haben inzwischen ein schlechtes Gewissen, wenn sie abends gehen und Charlotta noch immer an wieder neuen Formatvorlagen feilt. Was sollen wir bloß tun?, fragen sie sich. Längst müsste Charlotta der Auftrag abgenommen werden, zumindest aber sollte das Zeitfenster noch einmal mit ihr besprochen werden. Es mangelt eindeutig an einem klaren Wort, aber niemand möchte Charlotte verletzen, denn sie nimmt den Auftrag schließlich sehr ernst und ihre Ideen sind ja auch super. Aber muss denn dieser Aufwand sein? Könnte sich das Mailing nicht mit jeder Ausgabe weiterentwickeln?

»Das geht nicht«, entgegnet Charlotta. »Die erste Ausgabe, die muss sitzen, sonst können wir es gleich lassen.« Und wieder wird der Start verschoben. Egal, denkt Charlotta, die Vorstandsebene wird begeistert sein – und dann bekomme ich sicherlich ein Lob und einen Bonus. Liegt Charlotta damit richtig? Oder ist sie perfektionistisch? Oder ist der Auftrag nicht klar definiert? Hat man keinen Zeitrahmen festgelegt? Bewertet sie die Mailings zu hoch? Bindet sie die Kollegen zu viel mit ein? Sind die Rückmeldeschleifen, die sie benötigt, einfach überzogen? Oder muss das alles genau so sein, weil es wichtig ist, exakte Arbeit zu leisten?

In diesem Beispiel steckt die Krux des Perfektionismus-Themas. Einerseits hat sich Perfektionismus als Modewort eingeschlichen und wird schnell für Leistungsgrade missbraucht, die etwas besser als »umsichtig« und »genau« sind. Andererseits ist Perfektion für viele Aufgaben und Berufe mit hoher Verantwortung ein Muss. Denken Sie zum Beispiel an OP-ÄrztInnen oder StatikerInnen.

Das Thema ist also ambivalent. Berufliches Verantwortungsbewusstsein und den Drang zum Perfektionismus versuchen wir daher voneinander zu unterscheiden, indem wir in die Köpfe schauen.

Verantwortungsvolle Menschen ...

- wollen eine Aufgabe bestens erledigen, weil ihre Arbeit Auswirkungen hat.
- haben ein hohes Qualitätsbewusstsein.
- sind nicht auf sich selbst, sondern auf die Aufgabe an sich konzentriert.

Perfektionisten hingegen sind häufiger mit sich selbst als mit der Aufgabe beschäftigt, auch wenn dies auf den ersten Blick nicht unbedingt zu erkennen ist. In den Köpfen der Perfektionisten finden wir Gedanken wie:

- Nur wer alles richtig macht, ist gut.
- Nur wer perfekte Arbeitsergebnisse abliefert, setzt sich von anderen ab und wird gefördert.
- Nur eine perfekte Leistung bekommt Anerkennung.
- Wer Fehler macht, wird abgelehnt.
- Nur wenn ich etwas perfekt gemacht habe, kann ich meinen Erfolg genießen und feiern.
- Ich habe Angst vor (Flüchtigkeits-)Fehlern.
- Delegieren bringt nichts, denn auf andere ist kein Verlass.
- Jeder sollte nach Perfektion streben.

Auf dieser Schattenseite von Brillanz und hohen Ansprüchen finden wir also eine Reihe an Bedingungen und Wünschen, die mit dem eigentlichen Produkt/der eigentlichen Aufgabe gar nichts mehr zu tun haben. Menschen, die perfekt sein wollen, sehen in ihrer perfekten Leistung eher den einzigen Weg zu mehr Liebe und Wertschätzung. Besonders Frauen wie Charlotta gehen zudem davon aus, dass Perfektionismus erkannt und belohnt wird, etwa mit einer Gehaltserhöhung oder einer besseren Position. Sie glauben, dass die sauberen Ergebnisse gesehen werden und die Verantwortlichen dazu anregen, sie zu fördern oder zu empfehlen. Das ist aber nur sehr selten der Fall.

Perfektionistische Frauen sind bienenemsig, zuverlässig und loyal. Deswegen hat man sie gerne im eigenen Team. Niemand arbeitet so viel weg. Warum sollte man diese Frauen befördern? Damit woanders für Entlastung sorgen? Außerdem braucht es für höhere Hierarchiestufen andere Talente als ausgeprägten Fleiß. Das ist der blinde Perfektionismus-Fleck: Alle Kraft wird in die Aufträge gepumpt – da darf ruhig schon mal eine Nachtschicht eingelegt werden –, damit das Resultat perfekt glänzt. Aber nur in Ausnahmefällen ist es Fleiß, der Menschen auf dem Karriereweg weiterbringt. Beruflicher Erfolg gelingt über Ausstrahlung, Wirkung, Networking und gut gesetzte Selbst-PR. Gelassene, souveräne Pippilottas, Menschen, die zu delegieren verstehen, die den Überblick behalten und die nicht in erster Linie auf Lob von außen angewiesen sind, sieht man eher an der Unternehmensspitze als fleißige Lieschen.

Hinter weiblichem Perfektionismus verbirgt sich oft die Sehnsucht, gemocht zu werden. Frauen wollen eine perfekte Arbeit abliefern, weil sie glauben, dass andere Menschen sie dafür »lieben«. Das haben viele in ihrer Schulzeit gelernt. Sie wollen korrekt sein und zu den Besten zählen. Zäh bleiben sie dem Glauben treu, dass man sie aufgrund ihres Perfektionismus mag, und sind daher stets mit ihrer Leistung und den Ergebnissen beschäftigt. Nebensächliche Missgeschicke werden innerlich lang und breit auseinandergenommen und beäugt, bis das Selbstwertgefühl so rissig ist wie altes Pergament. Und dann brauchen sie wieder das belobigende Wort von außen.

Männer scheinen ihre Fehler schneller zu vergessen. Nach dem Motto »Schwamm drüber, das wäscht sich aus« oder »Wo gehobelt wird, fallen Späne« beginnen sie einfach etwas anderes oder starten noch mal neu. Frauen hingegen umkreisen beharrlich, was danebenging, und entmutigen sich mit jeder weiteren Runde Selbstbezichtigung ein bisschen mehr. Weiterentwicklung wird so zu einem mühsamen Geschäft – und die Chance, die in dem Fehlschlag liegt, oft nicht gefunden. Das wissen Personalchefs auch!

Warum in Vorstellungsgesprächen trotzdem immer wieder als Talent »Ich erledige meine Aufgaben gerne bis ins Detail!« herausgestellt wird, ist uns ein Rätsel. Menschen, die mit hoher Verantwortung arbeiten, würden so etwas niemals sagen. Oder haben Sie je gehört, dass eine Schönheitschirurgin von sich behauptet: »Ich bin Perfektionistin!«? Würde Sie diese Äußerung nicht auch verunsichern? Wir würden jedenfalls schleunigst eine andere Klinik suchen.

Da dieser Perfektionswahn also für überhaupt nichts gut ist und eher schlechte Laune verbreitet, ist die Kinderliteratur voll von frechen Huckleberrys, kleinen Nicks und eigenwilligen Pippis, die sich etwas trauen, auch wenn sie es noch nicht hundertprozentig können, und die Verboten auf der Nase herumtanzen. Nicht nur Kinder, auch Erwachsene lachen laut auf und reiben sich die Hände, hat so ein kleiner Protagonist wieder einmal schelmisch gesiegt. All diese wunderbaren Geschichten, angefangen von *Max und Moritz* über *Pünktchen und Anton* bis *Hanni und Nanni*, die wir als Kinder so gerne lasen. Hätten Sie sich als Kind *Hanni und Nanni*-Bücher gewünscht, wenn die immer nur über den Schulbüchern gehangen hätten?

Wir alle orientieren uns lieber an kleinen und großen HeldInnen, die etwas probieren, wagen ... Bei einer fleißigen Pippi Langstrumpf hätten wir das Buch schon nach wenigen Seiten lustlos zugeklappt. Glatt gekämmte Supergirls sowie strebsame Mentoren und Mentorinnen sind einfach uninteressant. Umwege, der Umgang mit Fehlern und Brüchen machen eine Karriere interessant und einen Menschen charismatisch. Denn Charisma entsteht durch eine gelungene Kombination aus reflektierten Erfolgen und Misserfolgen. Wir und die restliche Fangemeinde lieben diese kleine Pippi also, weil sie alles andere als perfekt ist. Wir möchten auch gerne etwas von ihrer Leichtigkeit, mit der sie Fettnäpfchen belächelt und Schwachstellen akzeptiert. Als Symbol dafür heften wir uns Pippi-Langstrumpf-Bilder an die Wand oder flechten uns kesse, manchmal sogar rote Zöpfe ins Haar. In einem Kartenset der Schweizer Künstlerin Judith Bärtschi fanden wir Pippi Langstrumpf abgebildet, wie sie den »Kleinen Onkel« – immerhin ein ausgewachsenes Pferd – in die Luft stemmt. Darunter stand zu lesen: »Sei nicht artig, sei großartig!«

Hinfallen, aufstehen, Krone zurechtrücken, weitergehen

Doch auch Pippi fliegen die Dinge nicht einfach zu. Wenn Pippi stolpert, steht sie wieder auf und beginnt von vorne. Wie heißt es doch so schön: Hinfallen, aufstehen, Krone zurechtrücken, weitergehen! Die Blicke der anderen sind ihr dabei egal; und wenn es sein muss, dann verkauft sie ihr Stolpern mal eben als moderne Kunst.

Das ist eine Frage der Einstellung: kräftig sein, mutig auftreten, sich für andere Menschen einsetzen, am eigenen Können erfreuen, aber auch mal fünf gerade sein lassen. Wie entspannend. Warum aber bekommen wir es nicht hin? Stattdessen geben wir das Fräulein Rottenmeier aus Johanna Spyris Heidi-Geschichten. Dabei wird Perfektionismus eigentlich gar nicht verlangt. Man will, dass Sie Ihren Tätigkeiten leidenschaftlich, mit Hingabe oder Engagement nachgehen, doch Perfektionismus haben wir bisher in keinem Bewertungsbogen entdeckt. Des Rätsels Lösung: Der Spaß- und Karrierekiller Perfektionismus liegt in uns.

Ein guter Moment, um zu reflektieren, auf welchem Grad der Perfektionismus-Skala Sie wohl stehen.

Nehmen wir an, Sie müssten eine Präsentation oder einen Kurzvortrag für eine wichtige Runde vorbereiten:

Worin bestünde Ihre Verantwortung? Wohlgemerkt, die Verantwortung, die *Sie* sich geben?

Ähnelt Ihr Verhalten etwa dem jener Seminarteilnehmerin (Assistentin des Vorstands), die uns folgende Liste aufzählte?

- Inhalte überprüfen
- Grafiken überprüfen
- Technik absprechen
- Technik überprüfen
- Raum richten
- Raum lüften
- Getränke da?
- Kekse?
- Namensschildchen?
- Moderationskoffer gerichtet?
- Text durchgehen
- Handouts richten
- Skala für Flipchart vorbereiten

Echte Perfektionisten loben an dieser Stelle übrigens nicht den Überblick der Teilnehmerin, sondern suchen akribisch nach dem, was übersehen wurde, oder denken nach, was sie wohl besser machen würden.

Aber ist Ihnen auch aufgefallen, dass einige der Punkte nicht originär zur Aufgabe »Präsentation« gehören? Ist die Teilnehmerin wirklich für die Technik verantwortlich oder gibt es da vielleicht Unterstützung von fachkundigen KollegInnen aus der Haustechnik? Da gerade dieser Aspekt so viel Raum einnimmt, raubt er der Teilnehmerin im Grunde die Zeit, sich auf das Wesentliche vorzubereiten, zum Beispiel ihre Performance, die den wichtigen Vortrag dramaturgisch steuert.

Dass Menschen an sich den Anspruch haben, eine Aufgabe mehr als gut zu bewältigen, ist im Grunde vorbildlich. Viele Frauen ersticken aber förmlich in diesem Perfektionismus-Drang. Sie halten sich mit vielen Nebenschauplätzen auf, sind detailverliebt oder nehmen einen Auftrag erst dann entgegen, wenn sie sich hundertprozentig sicher fühlen. Ähnlich wie Charlotta verbauen sie sich dadurch Karrierechancen, denn Perfektionismus verbraucht eine Menge Energie und Zeit an der falschen Stelle. In unserem Beispiel von eben ist der Vortrag/die Präsentation das Wichtigste – und nicht, ob jeder Zuhörer ein Namenskärtchen am Revers und leckere Kekse vor der Nase hat. Das ist »aufs falsche Pferd gesetzt«.

Auch in Diskussionsrunden und Projektbesprechungen halten sich Frauen eher zurück. Sie beteiligen sich oft erst, wenn sie einen Aspekt vorher gut durchdacht haben und sie sich absolut sicher in ihrer Meinung fühlen. Hier ist mehr Selbstsicherheit gefragt, gepaart mit dem Mut, auch mal einen nicht perfekten Beitrag zu liefern. Was bei den anderen Menschen hängen bleibt, ist in erster Linie, *wie* etwas gesagt wird. Man achtet auf die Stimme und die Wirkung, darauf, welchen Raum jemand für seinen Beitrag nutzt. Es gilt also, etwas zu riskieren, denn so genau, wie Sie einen Satz durchdenken, wird er von den wenigsten gehört. Man will *wahrnehmen*, dass Sie etwas zu sagen haben. Die Inhalte sollten natürlich auch kein völliger Schmarrn sein – bewertet werden sie allerdings erst etwas später.

Sind perfekte KollegInnen beliebt?

Wir erfragen das immer wieder gerne und machen dabei folgenden Test: Die Teilnehmerinnen sollen mal aufschreiben, welche Eigenschaften ihrer Meinung nach eine perfekte Kollegin mitzubringen hätte. Die typische Antwortliste sieht etwa folgendermaßen aus:

Die perfekte Kollegin soll ...

- zuverlässig sein.
- Arbeit sehen.
- mir auch mal Arbeit abnehmen.
- Humor haben.
- innovativ sein.
- ordentlich sein.
- strukturiert arbeiten.
- immer kollegial sein.
- teilen können.
- 120-prozentig sein.
- verlässlich sein.
- verschwiegen sein.
- keine Launen haben.
- immer ansprechbar sein.

Anschließend fragen wir: »Wollt ihr mit dieser Frau wirklich zusammenarbeiten?« Die meist prompte Antwort der ganzen Gruppe: »Nein, bloß nicht!« Denn niemand mag eine perfekte Kollegin. 120-prozentige Menschen spiegeln anderen Menschen, wie unperfekt diese sind. Das ist wie mit dem perfekten Mann. Klar, George Clooney mag ja ziemlich sexy (gewesen) sein. Aber Hand aufs Herz: Wollen Sie diesen Bilderbuchmann wirklich daheim neben sich auf

Ihrer Couch? Nein danke! So ist es auch mit den Perfektionistinnen. Sie kommen uns nicht ins Büro und schon gar nicht ins Haus. Es sei denn, wir benötigen eine Urlaubsvertretung ...

Wer zu seinen Lücken steht, vermittelt Größe und die Bereitschaft, auch andere Menschen mit ihren Macken anzunehmen. Das macht beliebt!

Oft wird eine strenge, auf Erfolg ausgerichtete Kindheit als Grund dafür gesehen, warum Menschen so perfektionistisch sind. Oder es finden sich Zusammenhänge, die mit Narzissmus einhergehen. Auf jeden Fall ist Perfektionismus ungesund, denn wer sich selbst derart unter Druck setzt, beschert sich eine Art von Dauerstress und lebt in permanenter Angst, etwas nicht perfekt zu machen. So tief wollen wir aber gar nicht in psychologische Erklärungsmuster einsteigen. Wir wollen Sie einfach zu mehr sommersprossiger Leichtigkeit einladen.

Nicht perfekte Menschen sind im Job besser, erfolgreicher, vergnügter, entspannter, begeisterter, motivierter und motivierender! Konzerne und Unternehmen haben dieses Potenzial glücklicherweise erkannt und damit begonnen, entsprechend zu reagieren:

- Ein Lebenslauf mit Brüchen kann im Bewerbungsgespräch plötzlich auf Interesse statt auf Misstrauen stoßen.
- Mitarbeiterinnen und Mitarbeiter in Unternehmen unterliegen nicht mehr zwingend einem Dresscode.
- Auf Langschläfer und extreme Frühaufsteher wird mit Gleitzeitmodellen Rücksicht genommen.
- Es gibt immer wieder Möglichkeiten, in Teams zu arbeiten und somit Vielfalt (Diversity) zu leben.

- Es werden Weiterbildungsmaßnahmen angeboten, die weniger auf Perfektion im Job als auf kreative Entfaltung des eigenen Potenzials ausgerichtet sind.

Zudem ist 80 Prozent längst das neue 100 Prozent. Wer 80 Prozent kann, so die Erkenntnis, braucht Kreativität, um die 100 Prozent komplett zu machen. Das sorgt für Lebendigkeit und Improvisation – und das ist weitaus interessanter, als wenn jemand seine 120-prozentigen Thesen herunterleiert. Es hat also viel für sich, wild und nicht perfekt zu sein ...

Im Nicht-perfekt-Sein steckt viel Gutes.
Probieren Sie's aus!

Allerdings ist auch Pippi diese positive Grundhaltung nicht in den Schoß gefallen. Eine Episode erzählt, wie Pippi versucht, sich anzupassen, um zu genügen. Erinnern Sie sich? Pippi wird eines Tages von Thomas' und Annikas Mutter zum Kaffeekränzchen eingeladen. Als Pippi die Nachricht erhält, wird sie ungewöhnlich hibbelig. *»›Kaffeekränzchen – ich?‹, rief Pippi und wurde so nervös, dass sie anfing, Tommy zu begießen statt des Rosenstrauchs, den es hätte treffen sollen. ›Oh, wie soll das werden?‹«*[12]

Aufgeregt, wie sie ist, bereitet sie sich innerlich und äußerlich auf das Kaffeekränzchen vor, denn – wir ahnen es – sie will perfekt erscheinen. Aus diesem Grund takelt sie sich auf, bis sie wie eine angestaubte Lady wirkt. Pippi ist unsicher, gehemmt und will mit der Kostümierung offensichtlich vortäuschen, dass sie aus besserem Hause kommt. Als sie zwischen den Damen aus der Nachbarschaft an der Kaffeetafel sitzt, benimmt sie sich jedoch alles andere als ladylike, reißt Kuchen, Torte und das Gespräch an sich, quasselt ungeniert und ist vor allen Dingen eins: alles andere als sie selbst. Nicht ihr ungestümer Appetit, sondern das Aufgesetzte, das sie zeigt, macht sie unsympathisch. Beim Abschied kullern Tränen Pippis Wangen hinab, und mit leiser Stimme versucht sie, sich bei ihrer Gastgeberin zu entschuldigen.

Doch kaum auf dem Heimweg, trällert Pippi schon wieder fröhlich vor sich hin und baut Gesprächsfetzen der Damen in ein Liedchen ein. Denn Pippi weiß zwar, dass ihr Auftritt ziemlich daneben war, aber sie ist trotzdem mit sich zufrieden. Immerhin ist sie einer ungewohnten und ein bisschen beängstigenden Situation nicht einfach aus dem Weg gegangen, sondern hat es zumindest probiert. Und sie hat zudem eine wichtige Erkenntnis für die Zukunft gewonnen: Solche Kaffeekränzchen sind nicht ihr Ding.

Was uns solch eine Haltung schenken kann:

- Raum für Improvisation in schwierigen Situationen
- Kreativität, wenn andere im Perfektionswahn festsitzen
- entspannte Zeit
- den Mut zur Lücke
- Flexibilität, weil das Perfektionskorsett nicht einengt
- Gelassenheit, weil keinem Ideal hinterhergehechelt wird
- den Glauben an uns selbst
- Selbstachtung
- Selbstakzeptanz
- die Sicherheit, dass wir alles schon irgendwie schaffen

Pippi Langstrumpf schiebt die unschöne Episode aber nicht einfach weg. Stimmt, es war nicht perfekt, doch sollte sie noch einmal zu einem solchen Kaffeekränzchen gehen, weiß sie jetzt wenigstens, was sie besser machen könnte. Sie hat schließlich ein reichhaltiges Repertoire an Fähigkeiten, dessen ist sie sich selbstsicher. Mit einem trotzigen »Und wenn schon« ist es also auch bei Pippi nicht getan.

Im Fachjargon nennt man diese Haltung »Resilienz«. Man vertraut sich selbst, weil man weiß, was man alles kann und in der Vergangenheit schon gemeistert hat. Diese Erfolge werden Schwachstellen entgegengehalten und sind die Bausteine für die Zukunft.

Was es braucht, damit ein Mensch an sich glaubt

In erster Linie sind eine gute Beobachtungsgabe, Neugier auf sich selbst und Sammelleidenschaft nötig. Sie müssen wissen, wann, wo und wie Sie Erfolge verbucht haben, und diese mit den weniger geglückten Situationen in eine Art von Abgleich bringen.

- Was habe ich damals getan, damit es gut lief?
- Was kann ich davon auf Situationen übertragen, die nicht so erfolgreich sind?
- Auf was kann ich bei mir bauen?
- Was stärkt mich in der Krise?
- Wie entwickle ich mich am besten?

Wenn Ihnen etwas gelingt, ist es also ratsam, sich erstens richtig darüber zu freuen und sich zweitens vor Augen zu führen: Wie habe ich es gemacht, dass es so gut lief? Denken Sie um! Vor allem jene, die bislang mit perfektionistischen Tendenzen durchs (Berufs-)Leben gegangen sind, haben meist die dunkle Seite ihres Schaffens im Blick. Sammeln Sie von nun an mehr und mehr Ihre Erfolge wie bunte Bonbons. Dann fallen die sauren Drops dazwischen fast gar nicht auf – und manchmal erfrischen sie sogar.

Tauschen Sie sich mit anderen aus. Freunde und gute Kolleginnen können dabei helfen, Erfolge und Niederlagen besser einzuschätzen; und gute Netzwerkpartnerinnen geben wertvolle Rückmeldung, wo – von außen betrachtet – unsere Stärken und Schwächen liegen.

Auch Pippi Langstrumpf holt sich Feedback ein. Dabei erfährt sie, dass sie nicht die Idealbesetzung für traditionelle Kaffeekränzchen ist. So ist es halt. Wozu sich die Zöpfe raufen? Es gibt so viele andere Dinge auf der Welt, die das Leben schön machen! Eine feine Dame will Pippi jedenfalls nicht mehr werden.

»›Aber du willst doch sicher eine wirklich feine Dame werden, wenn du groß bist?‹«[13], wird sie von der Lehrerin gefragt.

»›Ich kann es mir überlegen‹, erklärt Pippi. ›Aber verstehst du, Fräulein, ich bin schon so gut wie entschlossen, Seeräuber zu werden.‹«[14]

Genau: Seeräuber ... Ist das nicht eine viel bessere Perspektive?

5

Präsenz mit Sommersprossen: Vorstellungsgespräche, Vorträge und Präsentationen selbstsicher meistern

Kennen Sie das? Da betritt eine Person den Raum und ist sofort *da.* Er oder sie füllt den Raum schlagartig aus. Alle Augen folgen ihr, obwohl sie vielleicht noch kein Wort gesagt hat und rein äußerlich auch eher unauffällig ist. Doch diese Frau umgibt etwas Außergewöhnliches ...

Das geht auch Tommy und Annika bei der ersten Begegnung mit Pippi so.

»Pippi ging die Straße entlang. Sie ging mit dem einen Bein auf dem Bürgersteig und mit dem anderen im Rinnstein. Tommy und Annika schauten ihr nach, solange sie sie sehen konnten.«[15]

Die Geschwister merken es sofort: Dieses Mädchen mit den roten Zöpfen hat etwas, das sie unverwechselbar macht – einmal ganz abgesehen von ihrer lustigen Art, den Bürgersteig zu benutzen. Dieses Mädchen *ist* einfach und lässt sich auch von den neugierigen Blicken der beiden Kinder nicht irritieren. Stattdessen knüpft Pippi gleich Kontakt und verwickelt sie in ein Gespräch. Genau diese *Präsenz* bei Menschen ist es auch, die uns aufmerken lässt – ob im privaten oder beuflichen Umfeld. Wir sind gebannt davon, wie sehr dieser Mensch bei sich ist und daher auch völlig unverkrampft auf andere zugeht.

»Warum ist Pippi Langstrumpf bei Ihnen so beliebt?« Stellen wir Seminarteilnehmerinnen diese Frage, so spiegelt ihre häufigste Antwort Ähnliches wider: »Weil sie so authentisch ist!« Damit wären wir bei jenem großen Faszinosum, das inzwischen Heerscharen von BeraterInnen beschäftigt. Denn authentisch zu sein ist eine Eigenschaft, die offensichtlich karrierefördernd wirkt! Schauen Sie sich doch einmal um unter Frauen, die »es geschafft« haben: solche wie Ursula von der Leyen (Verteidigungsministerin) oder Liz Mohn (Bertelsmann). Sie wirken weder überdurchschnittlich sympathisch noch sind sie besonders schön oder gar empathisch. Aber sie haben etwas, das sie stark macht, selbst wenn sie öffentlich unpopuläre Ansichten vertreten müssen oder zu Gast auf ungewohntem Terrain, zum Beispiel bei einem Spiel der Fußballnationalmannschaft, sind. Dieses Etwas heißt Authentizität.

Frauen, die in jeder Situation präsent sind, gibt es in Ihrem Umfeld bestimmt auch. Achten Sie doch bei nächster Gelegenheit einfach mal auf die vier entscheidenden Kriterien für authentisches Auftreten ...

Authentische Menschen ...

1. sind sich **ihrer selbst bewusst**, ihrer Stärken und Schwächen, ihrer Gefühle und Motive. Sie reflektieren sich ständig selbst und sind dadurch in der Lage, ihr Denken und Handeln zu beeinflussen.

2. sind **wahrhaftig** sich selbst gegenüber, können mit ihren Fehlern leben und erfreuen sich an einem positiven Feedback.

3. sind **konsequent** und bleiben ihren persönlichen Werten treu, auch wenn ihnen daraus Nachteile erwachsen können. Opportunismus ist ihnen fremd.

4. sind **aufrichtig**, stehen zu ihren Schwächen, zu unbequemen/unangepassten Verhaltensweisen ebenso wie zu ihren Stärken.

Aufgesetzt wirkt unglaubwürdig

Zurück zu Pippi Langstrumpf: Wir nehmen sie wie Tommy und Annika als authentisch wahr. Dabei entspricht sie keinem bestimmten Typus oder Charakter, sondern ist ganz sie selbst mit Sommersprossen, Ringelstrümpfen und extravaganten Angewohnheiten. Naheliegendes Fazit: Wer eine besondere Wirkung erzielen will, sollte niemanden imitieren und nicht versuchen, den Vorstellungen anderer zu entsprechen.

Zugegeben, nicht zuletzt die mediale Vernetzung unseres Alltags verführt uns dazu, in verschiedene Rollen zu schlüpfen und diese zu dokumentieren: Das Selfie mit der Familie zeigt uns mütterlich, beim

Jogging kommen wir durchtrainiert und ehrgeizig rüber und nach der After-Business-Party kursiert ein cooles Foto von uns als Karrierefrau durch die sozialen Netzwerke. Wir sind in allen Lebenslagen irgendwie präsent, spielen mit unseren Selbstbildern ... und manchmal verwecheln wir die Schnappschüsse mit unseren wirklichen Gefühlen.

Überzeugende, wirkungsvolle Präsenz entsteht jedoch durch Persönlichkeit. Dazu gehören natürlich auch Ihre Fehler, Schwächen oder Macken. Die sind ein fester Bestandteil Ihrer Persönlichkeit – so wie Sommersprossen im Gesicht, die vielleicht nicht jeder mag, die aber nur mit viel kosmetischem Aufwand wegzubekommen sind! Man kann an ihnen arbeiten, wenn man möchte, das ist legitim. Aber man muss nicht.

Erinnern Sie sich, wie Pippi damit umgeht?

»Im Schaufenster stand eine große Dose Sommersprossensalbe. Neben der Dose war ein Pappschild, auf dem stand: ›Leiden Sie an Sommersprossen?‹ (...) Hinter dem Ladentisch stand eine ältere Dame. Pippi ging direkt auf sie zu.

›Nein‹, sagte sie bestimmt. (...)

›Ich verstehe nicht, was du meinst‹, sagte die Dame.

›Nein, ich leide nicht an Sommersprossen‹, sagte Pippi.

Jetzt verstand die Dame. Sie warf einen Blick auf Pippi und stieß hervor: ›Aber liebes Kind, du hast ja das ganze Gesicht voll Sommersprossen!‹

›Klar‹, sagte Pippi, ›aber ich leide nicht an ihnen. Ich hab sie gern.‹«[16]

Pippi macht gar keinen Hehl aus diesem vermeintlichen Manko; sie lebt diese Facette ihrer Persönlichkeit offensiv – und präsent. Dabei ist sie selbstsicher, selbstbewusst, klar und konsequent, offen, stets ihren Werten treu und vor allem vergnügt. Solche Menschen, die keinen Hehl aus ihren kleinen Fehlern machen und herzlich über sich selbst lachen können, sind bei anderen sehr beliebt.

Reframing: Auf die eigene Bewertung kommt es an!

Wir alle haben verschiedene Talente, Facetten, Ecken und Kanten. Wenn es darum geht, diese ebenso authentisch wie freudvoll zu leben und sie zu präsentieren, sprich davon zu profitieren, wird in der Coachingpraxis die sogenannte Reframing-Methode eingesetzt: Einem alten Bild von sich selbst verpasst man einen neuen Rahmen – und schafft so ein neues Bild …

Beispiele:

Aus *schüchtern* wird *überblickt zunächst die Situation*.

Ein *aufbrausend* kann sich in ein *leidenschaftlich* verwandeln.

Aus *still* wird *nachdenklich*, aus *anstrengend* wird *interessant*.

Dahinter verbirgt sich ein einfaches Prinzip: Was jemand über uns sagt, ist nur insofern von Bedeutung, als wir das Gesagte *bewerten*. Wir entscheiden, welchen Stellenwert wir dem Satz zubilligen, den jemand über uns sagt.

Wie wurden Sie von Ihren Eltern, den ersten Lehrern und Lehrerinnen beschrieben? Was sagte man von Ihnen? Und was davon klingt heute noch in Ihnen nach? Empfinden Sie diese Aussagen noch als stimmig, haben die Beschreibungen sich überholt – ist womöglich ein Reframing angesagt? Wie reagieren Sie selbst inzwischen auf Äußerungen zu Ihrer Person? Was ist Ihnen egal oder längst ein alter Zopf?

Menschen, die wir als gelassen, authentisch und präsent erleben, nehmen Rückmeldungen zur eigenen Person erst einmal als Information auf – frei von jeglicher Bewertung. Dadurch wirken sie auf andere stabil und spannend. Denn weniges fasziniert so sehr wie ein Mensch, der einfach *ist*.

Auch Pippi nimmt sich die Meinung anderer nicht zu Herzen, sondern begreift sie eher als Information.

»›Weißt du was, Fräulein? Es war furchtbar lustig, dass ich hier war, und jetzt weiß ich, wie es bei euch ist. Aber ich glaube nicht, dass ich mir viel daraus mache, weiter in die Schule zu gehen.‹«[17]

Die vielen entsetzten Reaktionen der Lehrerin auf Pippis Bildungslücken hat diese weder persönlich genommen noch negativ bewertet, sodass ein Konflikt mit ihrem Gegenüber ausbleibt. Dank der in den Äußerungen enthaltenen Informationen kommt Pippi jedoch zu einem Entschluss, der sowohl der Lehrerin als auch Pippis Persönlichkeit gerecht wird. Ein authentischer Weg. Aber wie findet man den?

Wer sind Sie eigentlich?

Spätestens im nächsten Vorstellungsgespräch, wenn Sie nach Ihren Stärken und Schwächen gefragt werden, stehen Sie unweigerlich vor dieser Frage: Wer bin ich wirklich und was habe ich der Welt zu bieten?

Diese Frage ist umso leichter zu beantworten, je besser wir für unsere Grundbedürfnisse gesorgt haben. Dazu zählen unter anderem:

- ein intaktes soziales Umfeld
- Sicherheit, auch in der Liebe
- eine soziale Kompetenz
- funktionierende Kommunikation
- emotionale Berührtheit
- Gedankenaustausch
- körperliches Wohlbefinden
- das Gefühl, etwas bewegen zu können
- die Neugier auf Neues
- Respekt und Reflektiertheit

- Wachheit, Klarheit, Präsenz
- Freude am eigenen Leben
- sich eingebunden fühlen
- Selbstliebe
- Mitgefühl für die eigenen Schwächen
- das Wissen um die eigenen Stärken
- Ziele entwickeln und verfolgen
- nehmen und geben
- eigene Wünsche spüren

Sicher fallen Ihnen noch andere individuelle Grundbedürfnisse ein.

Wenn Menschen »mitschwingen«, also »in Resonanz« sind, fühlen sie sich gut. Die Entscheidung, ob etwas passt oder nicht, wird dabei zumeist intuitiv – und damit schnell, ehrlich und unbeeinflusst – getroffen.

Übung: Finden Sie Ihren »echten Raum«!

Versetzen Sie sich in Situationen, in denen Sie das Gefühl haben, ganz bei sich zu sein. Das können sowohl private als auch berufliche Momente sein, Stimmungen, die durch Musik, Sport, bestimmte Düfte oder Ähnliches hervorgerufen werden, Landschaften oder Menschen, die Ihnen guttun.

Definieren Sie nun genau jene »echten Räume«, die Sie auch kurzfristig abrufen beziehungsweise besuchen können, zum Beispiel das morgendliche Joggen am Fluss, das Gefühl, beruflich etwas bewegt zu haben, ein inspirierendes Gespräch, das beigefarbene Strickkleid oder der Blick ins Grüne aus Ihrem Bürofenster.

Hier sind Sie garantiert authentisch, ohne dass Sie darüber nachdenken müssen!

Fragen Sie sich, was Ihr Alltag braucht, damit Sie so oft wie möglich diese Situationen erleben. Was können Sie selbst schon jetzt dafür tun? Und was von einer Situation auf eine andere übertragen?

Das Gefühl von Authentizität ist rein und frisch. Sie strahlen es aus in Mimik, Gestik und Stimmlage. Authentizität lässt sich nicht wie eine Rolle »vorspielen«. Entweder man ist es oder man ist es nicht.

Körpersprache lügt nicht

Menschen, die wir als präsent empfinden, agieren mit ihrem Körper ganz anders im Raum als jene, die wir kaum wahrnehmen. Präsenz ist wie ein Lichtschalter. Das Licht geht an und wir strahlen. Verfallen wir in innere Monologe und Überlegungen, sind wir nicht präsent und das Licht geht damit aus. Es ist für andere sichtbar, ob wir auch wirklich »da« sind oder nur »so tun als ob«. Sind wir präsent, sind unsere Augen wach, der Blick offen, das Lachen natürlich und der Körper hat eine angenehme Spannung, die zu den Bewegungen passt. Präsente Menschen haben etwas sehr anziehendes, man will ihnen zuhören, mit ihnen in Kontakt kommen. Wenn Menschen »bluffen«, sich anders geben, als sie sind, nehmen Außenstehende dies in der Regel unbewusst wahr.

Präsenz kommt stets von innen und drückt sich in der Körpersprache aus. Sie können Ihre Körperhaltung deshalb nicht auf Präsenz trainieren. Präsenz entsteht, wenn Ihre Einstellung, Ihre innere Haltung mit dem übereinstimmt, was Sie wollen und leben.

Sind die vielen Trainings zum Thema Körpersprache im Beruf also komplett überflüssig? Nein, natürlich nicht. Vorausgesetzt, sie setzen bei der Authentizität der Teilnehmer an.

- **Am Rednerpult festhalten** funktioniert gut und wirkt souverän (da hat jemand die Sache buchstäblich im Griff), wenn die Hände locker und entspannt wirken – und sich nicht panisch festklammern. Das kann man üben!

- **Aufrecht und mit erhobenem Kopf gehen** wirkt immer selbstbewusst und ist ohnehin eine gute Übung für den eigenen Auftritt. Besonders effektiv trainiert man dies mit einem Buch auf dem Kopf! Achtung: Erst die Übung macht es – bitte nicht in der Öffentlichkeit wie ein Stock umherstaksen!

- **Den Blick zu halten** ist das A und O einer gelungenen Face-to-face-Kommunikation und vermittelt dem Gesprächspartner unbewusst die eigene Sicherheit und Stärke. Ein starrer Blick tut das nicht. Am besten vor dem Spiegel üben, welche gezielten Mimikveränderungen hier helfen, auflockern und unterstützen können!

- **Die richtige Kleidung wählen!** Man kann es gut finden oder nicht, aber jede Branche und jedes Unternehmen hat einen offiziellen oder inoffiziellen Dresscode, an den zu halten sich lohnt, wenn man weiterkommen möchte. Wichtig: Etwas an dieser Kleidung sollten Sie als angenehm empfinden, damit Sie sich nicht verkleidet, sondern wohlfühlen – und somit ausstrahlen, dass Sie auch persönlich dahinterstehen.

- **Fest auf beiden Beinen stehend verhandelt es sich besser** als in eleganter Stand-Spielbein-Pose, die Instabilität suggeriert – egal ob in Rock oder Hose.

- **Auch im Sitzen gehören beide Füße auf den Boden.** Oder haben Sie schon mal gesehen, dass die Queen Ihre Beine kunstvoll überschlägt? Selbst als Rockträgerin sollten Sie darauf verzichten. Suchen und üben Sie eine entspannte Sitzhaltung, in der Ihre Füße fest auf dem Boden stehen.

- **Nur lächeln, wenn es passt!** Und das bedeutet: nur dann, wenn es wirklich etwas zu lächeln gibt. Ein freundliches Dauerlächeln lässt Sie unter Umständen unkritisch, beipflichtend oder sogar inkompetent wirken.

- **Nur nicken, wenn Sie zustimmen,** denn als Zeichen, dass Sie aufmerksam zuhören (und so meinen Frauen es häufig), wird es meist fehlinterpretiert.

- **Nie (!) den Köpf schräg legen.** Dieses archaische Zeichen der Unterwerfung (das kennt man von Hunden) ist tatsächlich ein Karrierekiller.

- **Wer sich ruhig und angemessen bewegt,** ist klar im Vorteil. Echte Auftritte erfolgen nämlich ganz bewusst und sorgen so für Präsenz – emsiges Herbeihuschen nicht.

Und wo bleiben die Sommersprossen? Diese wunderbaren Details, durch die wir uns von anderen unterscheiden und die uns letztlich authentisch machen? Auch dafür gibt es den entsprechenden Raum in der Körpersprache. Ungesteuert sind sie ohnehin da, zum Beispiel ...

- bei Menschen, die mit Händen und Füßen reden.

- bei Menschen, die nur ihre linke Augenbraue heben, wenn sie etwas nicht verstehen,

- bei Menschen, die sich an der Nasenspitze reiben, wenn sie nachdenken,

- bei Menschen, die ihr Gegenüber kurz berühren müssen, wenn sie sich ihm nahe fühlen.

Solche Signale sind das Salz in der Persönlichkeit – und es wäre schade, sie wegzutrainieren!

Es gibt auch jene Sommersprossen, die für die Karriere förderlich sind. Das kann Ihre besondere Fähigkeit sein, Trends von morgen zu erspüren; möglicherweise verfügen Sie auch über ein ausgezeichnetes fotografisches Gedächtnis oder können etwas Ungewöhnliches wie Pferde zureiten, was nur wenige Menschen schaffen. Solche Details lassen (Personal-)Chefinnen aufhorchen, weil sie ...

- nicht alltäglich sind.

- für das Unternehmen oder eine bestimmte Stelle von Bedeutung sein könnten.

- Sie unverwechselbar machen und damit von der Konkurrenz abheben.

Ihre Sommersprossen sollten Sie bereits in Ihrem Lebenslauf erwähnen: Haben Sie ein ungewöhnliches Hobby? Rein damit! Waren Sie schon an Orten dieser Welt, die überaus exotisch sind oder zumindest so klingen? Auch gut. Treiben Sie einen Extremsport? Das vermittelt Stärke und Ehrgeiz und macht Sie möglicherweise noch interessanter für eine Führungsposition. Oder engagieren Sie sich vielleicht seit Jahren für eine soziale Initiative? Auch das provoziert Fragen und bringt Sie ins Gespräch.

Kennen Sie Ihre ganz persönlichen Sommersprossen? Erkundigen Sie sich bei Menschen, die Sie mögen ... Sie werden staunen, was denen an Ihnen auffällt und Ihnen selbst gar nicht bewusst war. Bestimmt haben Sie mehr Sommersprossen, als Sie denken!

Fassen wir also noch einmal zusammen: Präsenz hat etwas mit Authentizität zu tun. Authentizität wiederum kann nur gelebt werden, wenn dahinter eine Persönlichkeit steht, die sich ihrer vielen unterschiedlichen Facetten bewusst ist. Dann stimmt auch die Körpersprache, die den Auftritt zu einem harmonischen Ganzen abrundet. An einigen Schrauben können wir drehen, um Nuancen unserer Wirkung zu verändern. Aber ohne dass wir uns selbst gut kennen, uns annehmen und lieben, um unsere Starken wie Schwächen wissen, ist eine authentische Ausstrahlung nicht möglich.

Bevor Sie also in das nächste Vorstellungsgespräch gehen, einen wichtigen Vortrag halten oder Ihre Führungskraft davon überzeugen möchten, dass Ihr Gehalt nach oben anzupassen ist, betrachten Sie sich eingehend: Welche Sommersprossen finden Sie?

Nachfragen, mitlachen und mitmachen: das gelungene Vorstellungsgespräch

Je präsenter und interessanter Sie in einem Vorstellungsgespräch wirken, desto höher sind am Ende Ihre Chancen, die Stelle zu bekommen. Deshalb wird von Ihnen nicht nur erwartet, dass Sie inhaltlich gut vorbereitet sind, sondern auch, dass Sie spontan reagieren und das Gespräch selbst mitgestalten. Vor allem wenn es um eine Führungsposition geht, möchte man erfahren, ob Sie adäquat auftreten, gestalten, zuhören und weiterdenken können! Es beginnt schon bei angemessenen Umgangsformen, einem offenen Lächeln und mühelosem Small Talk. Tatsächlich ist Ihr Benehmen ein wichtiger Faktor bei der Beurteilung Ihrer Persönlichkeit. Meist wird Ihnen etwas zu trinken angeboten, das Sie unbedingt annehmen sollten, um nicht gleich mit einer Zurückweisung einzusteigen.

Sind die ersten Minuten überstanden, sind Sie vermutlich im Gespräch. Nun gilt es: Nicht nur antworten, sondern irgendwann auch eigene Fragen stellen! Achten Sie darauf, keine geschlossenen, sprich »Ja/Nein«-Fragen zu stellen. Halten Sie sich lieber an die sogenannten W-Fragen. Das sind Informationsfragen, wie sie Journalisten in Interviews stellen. Denn damit gewinnt man inhaltliche Antworten und Informationen.

W-Fragen sind sehr klar und fördern eine ebenso klare Antwort. Sie zielen darauf ab, etwas ganz Bestimmtes zu erfahren, zum Beispiel:

- »**Wie** organisieren Sie in Ihrer Abteilung die Abläufe X und Y?«
- »**Wer** ist für … verantwortlich?«
- »**Wann** geben Sie diese Informationen weiter?«
- »**Welchen** Hintergrund hat das?«
- »**Wo** würde ich in Zukunft arbeiten?«

- »**Wie** werden Sie dabei vorgehen?«
- »**Warum** ist die Aufgabe in dieser Abteilung verankert?«
- »**Welche** Voraussetzungen braucht es dafür?«

Ihr Auftritt bitte! – Vorträge und Präsentationen

Nichts ist einfacher, als bei Vorträgen und Präsentationen Präsenz zu zeigen. Schließlich sind Sie die Hauptperson, die alle Fäden in der Hand hält: Sie reden und erklären, die anderen hören zu und stellen allenfalls Fragen.

Damit von Anfang an alles gut läuft, Sie Ihre Ziele erreichen oder Ideen bestmöglich verkaufen, können Sie schon im Vorfeld einiges tun.

- Stellen Sie sicher, dass die Technik funktioniert. Das klingt banal, aber es hat schon so manchen völlig aus dem Konzept gebracht, wenn die Charts plötzlich nicht verfügbar waren.
- Geben Sie Ihren Charts eine persönliche Note (Sommersprossen!). Das kann im Rahmen des unternehmenseigenen Corporate Designs ein individueller Farbakzent oder einfach nur Ihr Name sein. Das wirkt professionell, selbstbewusst und individuell.
- Entrümpeln Sie Ihre Charts. Je weniger Text, desto besser – man soll Ihnen zuhören und nicht auf die Leinwand starren.

- Bleiben Sie prägnant, präzise und sachlich. Ausschweifende Exkurse langweilen und lenken vom Thema ab.

- Strukturieren Sie Ihren Vortrag. Bringen Sie Ihre drei wichtigsten Argumente oder Thesen gleich zu Anfang, dann untermauern Sie diese mit Beispielen und Fakten. Und: Wiederholen Sie diese im Fazit noch einmal.

- Planen Sie Fragen ein, indem Sie provozieren, etwas Ungewöhnliches ins Spiel bringen oder eine Frage in den Raum werfen, die für Gesprächsstoff sorgt.

- Überlegen Sie im Vorfeld (sofern Sie Ihre Zuhörerschaft kennen), wer versuchen könnte, Sie mit Fragen zu verunsichern. Bereiten Sie sich inhaltlich und mental darauf vor.

- Im richtigen Moment schweigen. Sie sind nicht allein verantwortlich für das anschließende Gespräch. Und sollte jemand probieren, Sie mit Fragen wie »Finden Sie nicht auch, dass ... ?« aus der Reserve zu locken, dementieren Sie nicht sofort. Denn damit kehren Sie den Spieß um: Der Fragende wird nämlich irritiert sein und seine Frage begründen, indem er ein »Also, ich finde ja ...« hinterherschickt, um die Gesprächspause zu füllen. So sind Sie dann ganz schnell wieder Herrin der Situation, denn nun können Sie in aller Ruhe seine Offenbarung kommentieren und bewerten.

- Zeit gewinnen. Sollte es doch einmal eng werden für Sie und sollten Sie spontan auf dem Schlauch stehen, fragen Sie nach. Das klappt, indem Sie das Gesagte noch einmal wiederholen (»Habe ich Sie richtig verstanden, Sie möchten wissen, ob ...«). Möglicherweise fühlt sich Ihr Gegenüber sogar aufgefordert, seine Frage noch einmal zu konkretisieren. Oder stellen Sie eine Gegenfrage: »Was meinen Sie genau damit?«/»Welche Bedenken haben Sie?«

- Am Schluss zusammenfassen und auf den Punkt bringen. Beenden Sie die Diskussion, indem Sie die wichtigen Beiträge noch einmal zusammenfassen und mit Ihren Vorschlägen/Ideen/Visionen abgleichen. Damit haben Sie die Zügel wieder fest in der Hand.

Ein großer Spaß: Präsenz mit Sommersprossen!

Wenn Sie dieses Kapitel zum Anlass genommen haben, an Ihrem beruflichen Auftritt zu feilen: herzlichen Glückwunsch! Vermutlich genießen Sie das neue Selbstbewusstsein und haben gleichzeitig mehr Spaß im Job. Man nimmt Sie wahr, bewundert Sie, staunt und erkennt Ihre Leistungen plötzlich viel selbstverständlicher an.

Möglicherweise sehen nun auch Ihre Vorgesetzten, dass Fähigkeiten in Ihnen verborgen waren, die bislang nicht wirklich zum Einsatz kamen oder nicht in Gänze gefördert wurden. Es kann auch sein, dass Sie mit ungenauen Rückmeldungen in Berührung kommen, mit Kommentaren wie:

»So kenne ich dich ja gar nicht!«

»Das sind ja ganz neue Seiten an Ihnen!«

»Glauben Sie wirklich, dass Sie mit dieser Haltung durchkommen?«

»Du traust dich was!«

»Das haben wir bislang aber immer so gemacht, mischen Sie sich hier nicht ein!«

Sollten Sie mit Bemerkungen dieser Art konfrontiert werden, dann filtern Sie erst einmal den sachlichen Informationsgehalt heraus, denn Pippi zufolge findet sich immer irgendwas, mit dem man »spielen« kann. Erst danach bewerten Sie die Bemerkung! Sie werden sehen: Sie lernen so einiges über sich und die Menschen in Ihrem Team.

Das Leben ist ein Prozess mit inneren Schritten nach vorne, rückwärts und zur Seite. Alles ist erlaubt, das uns mit uns versöhnt, uns mutig und zupackend macht und uns dabei hilft, das Leben zu verwirklichen, das wir uns für uns wünschen. Sidesteps und Pausen sind dabei durchaus erlaubt. Oder wie Pippi Langstrumpf sagt:

»›Warum ich rückwärts gegangen bin? Leben wir nicht in einem freien Land? Darf man nicht gehen, wie man möchte?‹«[18]

6

Das Pferd auf der Veranda: Mit kluger Selbst-PR immer im Gespräch bleiben

» ›Warum in aller Welt hast du ein Pferd auf der Veranda?‹, fragte Tommy.

Alle Pferde, die er kannte, wohnten in einem Stall.

›Tja‹, sagte Pippi nachdenklich, ›in der Küche würde es nur im Weg stehen. Und im Salon gefällt es ihm nicht.‹«[19]

Damit war alles gesagt, und Tommy fragte auch nicht noch einmal nach. Das Mädchen Pippi aber war für ihn ab sofort mit etwas Ungewöhnlichem, Bemerkenswertem verbunden.

Diese kleine Szene beschreibt etwas, das wir heute als Selbst-PR bezeichnen würden – und das zur Königsklasse der Karriereplanung gehört. Denn gezielte Selbst-PR spiegelt wider, was wir können und leisten, aber vor allem das Bild, das andere von uns haben. Je nachdem, wie wir uns selbst vermarkten und positionieren, nehmen andere uns wahr und erinnern sich an uns. Das kann durch heroische Taten sein, muss aber nicht. Wichtig ist nur, dass dieses öffentliche Bild insgesamt positiv ist, sonst geht der Schuss nach hinten los.

Unsere Erziehung hat diese Form der Eigenvermarktung allerdings heftig boykottiert. Von klein auf wurde uns eingebläut: »Eigenlob stinkt.« Vor allem Mädchen lernen leider immer noch, ihr Licht unter den Scheffel zu stellen. Doch mit diesem Bescheidenheits-Gen lässt sich kein Blumentopf gewinnen, weshalb wir dafür plädieren, aus dem lästigen Erziehungscredo einfach ein »Eigenlob stimmt« zu machen. Wer will sich schon unter Wert verkaufen?

Selbst-PR ähnelt einer Performance, bei der es darum geht, zum richtigen Zeitpunkt auf sich aufmerksam machen und selbstbewusst zu zeigen, wer man ist und was man kann. Das ist unerlässlich, will man einen vakanten Posten ergattern, bestimmte Projekte an Land ziehen oder auf die nächste Hierarchieebene klettern. Mit richtig gut geplanter Selbst-PR müssen Sie sich demnächst gar nicht mehr selbst ins Spiel bringen: Man wird wie von allein auf Sie kommen!

Damit die positive Selbstdarstellung glückt, ist es nötig, ein Archiv der eigenen Erfolge zu pflegen. Denn: Um sich und die eigenen Erfolge sichtbar zu machen, zählen nicht nur herausragende Leistung, sondern auch die Wirkung und der Stolz, mit denen wir uns und unser Können präsentieren.

Schlechte Selbstvermarktung hingegen – das ist bereits hinlänglich bewiesen und resultiert oft aus falscher Bescheidenheit – sorgt dafür, dass Sie weniger Gehalt auf dem Konto haben und in beruflichen Konfliktsituationen schneller scheitern. Falsche Bescheidenheit ist deshalb einer der größten Karrierekiller: Jede Heldentat löst sich in Schall und Rauch auf, wenn niemand etwas davon mitbekommt. Damit Ihnen genau das nicht (mehr) passiert, haben wir für Sie auf den nächsten Seiten neun goldene Regeln zusammengestellt, mit denen Sie garantiert ins Gespräch kommen und dauerhaft im Gespräch bleiben: als Kollegin, als Führungskraft und als bemerkenswerte Frau mit Pippilotta-Eigenschaften, die für jedes Team und jedes Unternehmen ein Sechser im Lotto ist!

1. Zum Üben ab in den Fahrstuhl!

Ja, wir meinen das ernst, so komisch es klingen mag ... Denn die erste Übung, die wir Ihnen zum Einstieg in das Thema Selbst-PR vorstellen möchten, imitiert eine klassische Fahrstuhlsituation und heißt deswegen »Elevator Pitch« (oder »Elevator Speech«). Sie wird häufig in Präsentationsseminaren vermittelt, weil sie so gut zu trainieren ist. Ziel des Elevator Pitch ist es, sich oder ein Thema in sehr kurzer Zeit (zum Beispiel einmal vom Erdgeschoss bis in die zehnte Etage) zu präsentieren, und zwar so überzeugend, dass Ihr Gegenüber interessiert ist und sich an Sie (und die kurzweilige Fahrstuhlfahrt mit Ihnen) erinnert.

Stellen Sie sich also einmal vor, Sie steigen morgens in den Aufzug und die HR-Direktorin fährt mit ... Sie fragt: »Wer sind Sie? Was ist Ihr Aufgabenbereich? Und verfolgen Sie bestimmte Ziele im Unternehmen?« Jetzt haben Sie höchstens 60 Sekunden Zeit – dann müssen Sie leider, auf Ihrer Etage angekommen, aussteigen.

Das sollten Sie beachten:

Versuchen Sie, sich möglichst persönlich vorzustellen und nicht nur mit Kürzeln wie »Ich arbeite in der Abteilung ZKH und bin für Risc im Profit zuständig«. Denn nach solchen Sätzen nickt das Gegenüber und sagt vielleicht »Na, dann ...«, aber es bleibt nichts hängen. Indem Sie jedoch ein Projekt, eine Aufgabe näher beschreiben oder einen konkreten Kunden benennen, geben Sie Ihrer Aufgabe eine individuelle Note. Vielleicht passt sogar noch ein Schwerpunkt von Ihnen in die Aufzugsfahrt. Probieren Sie mehere Variationen aus, denn es schadet nichts, eine A- und eine B-Version in petto zu haben. Wer weiß, vielleicht bekommen Sie ja an einem Tag gleich mehrere Möglichkeiten ... You'll never know!

Der Elevator Pitch hat einen entscheidenden Vorteil: Er lässt sich praktisch überall und zu jeder Zeit üben! Haben Sie einmal Ihre Best-Practice-Version gefunden, können Sie in jeder Situation damit punkten, wo Menschen sich für Sie und Ihren Beruf interessieren – auch auf einer Party mit einem Glas Champagner in der Hand.

Das brauchen Sie im Handgepäck:

Damit Sie spontan rüberbringen können, wer Sie eigentlich sind und was Sie auszeichnet, sollten Sie gewappnet sein. Am besten klappt das, wenn Sie folgende Punkte immer mal wieder reflektieren:

- Wer bin nich?
- Was kann ich?
- Was kann ich ganz besonders gut?

- Was nur ich kann – und niemand anders
- Was ich schon alles gemeistert habe (Meine Erfolge!)
- Wo will ich hin?

Wenn Sie über sich selbst reden, sich also selbst vermarkten, bleiben Sie unbedingt Sie selbst. Authentisches Auftreten sorgt nämlich für mehr Präsenz. Nicht verboten, sondern manchmal ganz hilfreich sind ein paar wirksame Geschichten rund um Ihre Person, ein guter Witz oder eine flotte Sprache – vorausgesetzt, es passt zu Ihnen und Sie übertreiben es nicht. Zudem hat eine positive Außenwirkung stets mit angemessener Kleidung zu tun, aber das brauchen wir Ihnen wohl nicht mehr zu sagen.

2. Sie stemmen das Pferd! Wer sonst?

Jede Form von Eigenwerbung erfordert ein gewisses Maß an **Fingerspitzengefühl,** damit es nicht in Wichtigtuerei oder Taktlosigkeit abdriftet. Entscheidend auf dieser Gratwanderung zwischen »Hallo, hier bin ich!« und aufdringlicher Marktschreierei ist zunächst der richtige Moment. Die *erste* Person, die eine Idee postuliert, eine Veränderung vorschlägt oder die Stimme in einer Sache erhebt, wird als »Original« wahrgenommen – alle anderen sind Mitläufer oder Nachahmer. Ganz gleich, ob es um die erste Reise zum Nordpol, die Besteigung des Mount Everest oder eine neue Marketingstrategie geht: Nur der Erste schreibt (Unternehmens-)Geschichte, auch wenn alle anderen streng genommen die gleiche Leistung bringen.

Das sollten Sie beachten:

Das interessante Detail in diesem Zusammenhang ist die unbewusste Verknüpfung von Geschwindigkeit und Qualität. Tatsächlich glauben die meisten Menschen automatisch, dass der Erste auch der Beste ist. Mit Pioniergeist werden Ehrgeiz, Kreativität und Durchhaltevermögen verbunden – und diese Eigenschaften führen auf der Karriereleiter steil nach oben.

Überlegen Sie, mit welchen Initialbotschaften Sie von sich reden machen können! Schlummert vielleicht eine gute Idee in Ihrer Schreibtischschublade? Haben Sie einen schwierigen Kunden akquiriert oder einen Missstand in der Firma abgeschafft? Reden Sie darüber – und zwar klar und gut hörbar, aber ohne gleich abzuheben.

Das brauchen Sie im Handgepäck:

Vor allem in Unternehmen, in denen mehr Männer als Frauen arbeiten, ist Lob ein rares Gut. Männer loben weniger, schon allein deshalb, weil sie glauben, nichts Negatives zu äußern sei doch Lob genug. Ist es aber nicht – und schon gar nicht im Zuge der Selbst-PR. Fordern Sie daher für alle Arbeiten, Projekte oder Abschlüsse, die Ihnen gelungen sind, auch ein öffentliches Lob ein. Das kann im nächsten Meeting sein, in größerer Runde beim Frühstückskaffee in der Büroküche oder bei der morgendlichen Teambesprechung. Das kommt Ihnen komisch vor? Ja, der erste Schritt fällt nicht unbedingt leicht, aber beginnen Sie doch einfach ganz elegant, indem Sie noch einmal erwähnen, dass Sie sich »im Nachhinein doppelt freuen, weil nun Vorteil X oder Y möglich ist«, oder fragen Sie einfach einen Kollegen, ob er schon mitbekommen hat, welchen dicken Fisch Sie da an Land gezogen haben.

Unser Tipp: Überlegen Sie sich im Vorfeld ein paar Alternativen – oder weihen Sie eine Kollegin ein, der sie vertrauen. Sie wird für Sie die richtige Nachfrage in großer Runde stellen.

3. Kombinieren Sie Ihre Weiblichkeit mit Kontrasten!

In vielen Unternehmen werden von den Mitarbeiterinnen leider immer noch bestimmte – »typisch weibliche« – Verhaltensweisen erwartet. Aus Männersicht sind das zum Beispiel Hobbys wie Kochen und Aerobic, ein bestimmter Kleidungsstil sowie Interessen, die vor allem eins sind: berechenbar. Aber möchten Sie wirklich, dass Männer Ihr Verhalten im Beruf voraussehen können? Dann wird es nichts mit der Karriere, denn in Nullkommanix sind Sie ausmanövriert.

Unser erprobtes Mittel dagegen: Vereinen Sie Kontraste in Ihrer Person – und sorgen Sie dafür, dass jeder davon erfährt. Sie sind äußerlich eher klein und zierlich? Dann erwähnen Sie doch bei Gelegenheit, dass Sie einen schwarzen Gürtel in Karate haben. Wenn Sie als besonders harmoniebewusst und moderierend gelten, hauen Sie demnächst einfach auf den Tisch, äußern Sie ungefragt und lautstark Ihre Meinung. Die volle Aufmerksamkeit aller ist Ihnen sicher. Und wenn dann noch die Angeber aus dem Vertrieb erfahren, dass Sie in Ihrer Freizeit Motorcross fahren, wird man Sie in Zukunft mit anderen Augen sehen.

Dieses gezielte Kontrastieren und Polarisieren ist eine klassische Marketingstrategie. Scheinbar entgegengesetzte Qualitäten werden in einem Produkt vereint, um noch mehr Aufmerksamkeit zu bekommen und eine größere Zielgruppe zu erreichen. Trockene Weine verkaufen sich besser, wenn sie dabei trotzdem fruchtig-frisch wirken, und bei einem Dresscode »smart-casual« holt man fast jeden ins Boot. Wie wäre es, wenn Ihre Verhandlungstaktik in Zukunft als »heiß-kalt« in die Firmenannalen eingehen würde? Ihr Name bliebe unvergessen! Nichts anderes wollen Sie mit erfolgreicher Selbst-PR; und wenn es richtig gut läuft, wird aus Aufmerksamkeit Bewunderung und aus Interesse Faszination.

Machen Sie sich auf die Suche nach Kontrasten in Ihrer Persönlichkeit, Ihrem Verhalten, Ihren Fähigkeiten und Interessen. Fragen Sie auch Eltern oder gute Freunde, damit Sie nichts übersehen.

Denken Sie dann darüber nach, wie Sie diese Eigenschaften geschickt miteinander kombinieren können, ohne schauspielern zu müssen. Sie werden sehen: Schon bald ragen Sie aus der Masse heraus, werden als besonders souverän eingestuft und sogar heimlich von Ihren Widersachern bewundert!

Das brauchen Sie im Handgepäck:

Vor allem gute Nerven und Gelassenheit ... Denn Ihnen werden Vorurteile begegnen, mit denen Sie nicht gerechnet hätten. Vor allem, wenn Sie als Frau auf typisch männliches Terrain vordringen, rutschen die ersten Reaktionen bisweilen auf Stammtischniveau.

Unser Tipp: Stoisch durchhalten. Die Aufregung legt sich schnell, wenn Sie sich nicht aus der Ruhe bringen lassen. Und hinterher gehen Sie stärker als je zuvor an Ihren Kollegen vorbei!

4. Wecken Sie Sehnsüchte nach sanft schaukelnden Hoppetossen und gemeinsamen Abenteuern!

Das funktioniert immer und auf allen Hierarchieebenen: Verzaubern Sie KollegInnen und Vorgesetzte, indem Sie deren Kopfkino und Herz bedienen. Denn wer Gefühle auslöst, wird eindeutig mehr beachtet. Besonders eindrücklich lässt sich das erleben, wenn Sie einen Vortrag halten und neben Zahlen und Fakten anschauliche Bilder in den Köpfen Ihrer Zuhörer hervorrufen. Das neue Bürogebäude, an dessen Planung Sie beteiligt sind, besteht dann plötzlich nicht nur aus Arbeitseinheiten und modern eingerichteten Abteilungen, sondern aus Wohlfühlräumen, phantastischen Ausblicken und einer gelebten Unternehmenskultur, die auf gegenseitiger Wertschätzung und Leidenschaft für die Aufgabe basiert.

Vertriebsprofis arbeiten übrigens schon immer so: Sie verkaufen keine Dinge, sondern Träume, Lebenswelten, Urlaubsgefühle oder Familiensonntage – und das wohlgemerkt, indem sie gleichzeitig teure Autos, Lifestyle-Produkte, hochpreisige Weine oder Küchenmaschinen an den Mann oder die Frau bringen.

Das sollten Sie beachten:

Wer andere emotional berührt, der bewegt etwas. Im Alltag ist das häufig viel leichter, als wir oft denken. Denn Emotionen rufen bei unserem Gegenüber meist ein unbewusstes Echo hervor. Das kennen Sie auch: Sie lächeln eine Person an – sie lächelt zurück. Sie gähnen – Ihr Gegenüber kurze Zeit später auch.

Psychologen bezeichnen dieses Verhalten als »Resonanzphänomen«, bei dem starke Emotionen sofort gespiegelt werden. Dahinter steckt unser Bedürfnis nach Harmonie und Symmetrie, das uns genetisch eint und eine Art sozialer Klebstoff für unsere Gesellschaft ist. Das Ganze läuft meist unbewusst ab und wird in unserem Gehirn von bestimmten Neuronen (Spiegelneuronen) gesteuert. Diese bilden auch das biologische Fundament für Emotionen wie Sympathie – eine Erkenntnis, die in der Werbung seit Langem genutzt wird: Immer dann, wenn wir etwas sehen, was unseren eigenen gespeicherten Verhaltensmustern gleicht, werden diese Neuronen aktiv und sorgen für ein Gefühl der Verbundenheit.

In Sachen Selbst-PR ist dieses Phänomen ein echtes Ass! Wir können also zu einem Gutteil selbst beeinflussen, wie sympathisch wir auf andere wirken. Der Trick: Wir müssen ausreichend Resonanz erzeugen. Denn wie man in den Wald hineinruft, so schallt es heraus. Das wussten schon unsere Großmütter, ohne indes zu ahnen, dass ihre Enkelinnen dieses Phänomen später für ihre Karriereplanung nutzen würden.

Um das Resonanzphänomen für Ihre Selbst-PR erfolgreich zu nutzen, empfehlen wir Ihnen, in drei Schritten vorzugehen.

1. Lernen Sie die Gefühle, den Bedarf und die Träume Ihrer »Zielgruppe« (also Ihrer Vorgesetzten oder KollegInnen) kennen. Sammeln Sie Ihre Beobachtungen und legen Sie sich »Charakterskizzen« zu all jenen Personen an, die im Job für Sie wichtig sind oder sein könnten (»Stakeholder-Analyse«).

2. Beginnen Sie im Kleinen, indem Sie mit scheinbar unwichtigen Details Resonanz erzeugen. Die Nummer mit dem Lächeln klappt immer, auch die Sitzhaltung oder das Neigen des Kopfes eignen sich dafür. Trainieren Sie Ihre Beobachtungsgabe und erkennen Sie, wer auf wen und wer besonders stark auf wel-

che Signalwörter, Themen oder Bewegungen reagiert. Das könnte eine wichtige Information für Sie sein!

3. Bedienen Sie gezielt die Emotionen Ihrer »Zielgruppe«. Ihre Vorgesetzte ist eine passionierte Seglerin? Integrieren Sie doch einfach einmal Bilder rund um »Wind«, »Freiheit« oder die »Weite des Meeres« in Ihre nächste Präsentation. Ihr Kollege ist ein begeisterter Hobbykoch? Sie knacken ihn mit dem Duft von Gewürzen und der Liebe zu Lebensmitteln. Sprechen Sie also von Safrangelb, Tomatenrot oder dem armen braunen Zimtton...

Das sind nur drei Beispiele, doch wir sind uns sicher: Mit Ihrem untrüglichen Pippilotta-Gespür kommen Sie Ihrer »Zielgruppe« ganz schnell auf die emotionale Spur!

Das brauchen Sie im Handgepäck:

Das Resonanzphänomen hat auch eine Kehrseite: Sie handeln selbst danach. Denn wer Sie imitiert, den mögen sie tendenziell – und glauben ihm mitunter mehr, als Sie sollten. Das passiert Ihnen vermutlich tagtäglich beim Einkaufen, möglicherweise auch in der Teambesprechung und im schlechtesten Fall während der Gehaltsverhandlung. **Unser Tipp:** Üben Sie sich darin, sich selbst zu entlarven. Das schult den Blick für wichtige berufliche Situationen, in denen es darauf ankommt, nicht fremdgesteuert zu handeln.

5. Nutzen Sie Ihre Kreativität!

Nein, Sie sollen nicht basteln oder zu Weihnachten Plätzchen für die ganze Abteilung backen – auch wenn das Ihren KollegInnen vielleicht gefallen würde (und es somit kurzfristig ein PR-Faktor wäre). Wir meinen jedoch etwas, das die kleine Pippi Langstrumpf ganz wunderbar beherrscht. Unvergesslich ist die Szene, in der sie Thomas und Annika demonstriert, wie kreativ man einen schmutzigen Boden säubern kann:

»Pippi wärmte einen großen Kessel Wasser, das sie dann einfach auf den Küchenfußboden goss. Nun zog sie ihre großen Schuhe aus und legte sie hübsch ordentlich auf den Brotteller. Danach band sie zwei Scheuerbürsten an ihre bloßen Füße und lief über den Fußboden Schlittschuh, dass es nur so spritzte, wenn sie durchs Wasser pflügte. (...)

›So, jetzt ist es wohl sauber‹, sagte sie schließlich und nahm die Bürsten ab.

›Wischst du den Fußboden nicht trocken?‹, fragte Annika.

›Nee, den kann die Sonne trocknen‹, sagte Pippi.«[20]

Diese Art sauber zu machen dürfte Tommy und Annika nachdrücklich beeindruckt haben – und da das Ergebnis (sauberer Fußboden) stimmt, spricht eigentlich alles für diese kreative und vor allem freudvolle Variante.

In Ihrem Berufsleben schadet Kreativität ebenfalls nicht. Wahrscheinlich gibt es auch bei Ihnen Standardsituationen oder Veranstaltungen, die immer gleich ablaufen: in denselben Räumen, nach einer festgelegten Dramaturgie, möglichst effizient. Die Frage ist, ob etwas deshalb auch gut ist, weil es schon immer so war – oder ob sich hier nicht für Sie eine Chance bietet, Ihren Namen unverwechselbar mit einer kreativen Neuerung zu verbinden. Zum Beispiel könnten Sie ...

- die nächste Teamsitzung an einen ungewöhnlichen Ort verlegen, um schneller ins Gespräch zu kommen.
- ein Projekt mit neuen Perspektiven bereichern, beispielsweise indem Sie Geisteswissenschaftlerinnen ins Team holen, um eine technische Aufgabe kundenoptimiert zu lösen.
- das klassische Brainstorming ersetzen durch ein Kreativwochenende mit Künstlern.

Was auch immer Sie anregen: Machen Sie unmissverständlich klar, dass es Ihre Idee und Ihr Impuls ist!

Das sollten Sie beachten:

Es gibt in jedem Unternehmen so etwas wie eine Unternehmenskultur und meist auch entsprechende Leitlinien, nach denen gehandelt wird. Halten Sie sich auch bei Ihren kreativen Ideen an diese Regeln, um nicht ins Abseits zu geraten. Alles, was im Sinne des Unternehmens und Ihrer Vorgesetzten zielführend ist, ist erlaubt; widerspricht es hingegen den Grundprinzipien der gelebten Kultur, dann bitte Finger weg!

Erstellen Sie eine Liste mit Situationen oder Aspekten, die Ihnen und Ihren KollegInnen seit Langem auf die Nerven gehen, weil sie eintönig, zu routiniert oder langweilig sind. Sammeln Sie dann Ideen, wie Sie mehr Schwung hineinbringen können. Das klappt häufig nicht von heute auf morgen. Macht aber nichts, schließlich geht es ja meist um Punkte, die eh schon jahrelang vor sich hin dümpeln.

Wenn Sie sich sicher sind, dass eine kreative Idee sinnvoll und umsetzbar ist, schlagen Sie Ihren Veränderungswunsch beim nächsten Treffen in der Runde vor.

Wichtig: Viele Menschen scheuen Veränderungen, sei es aus Bequemlichkeit, Sicherheitsdenken oder Angst vor Kontrollverlust. Nehmen Sie diesen Bremsern gleich den Wind aus den Segeln, indem Sie sich bereit erklären, Ihre Idee zu koordinieren und umzusetzen – und erklären, dass es ein Versuch ist, über den selbstverständlich anschließend geredet wird.

Das brauchen Sie im Handgepäck:

Da Menschen dazu neigen, Neuerungen von vornherein abzulehnen, sollten Sie sich im Vorfeld um MitstreiterInnen kümmern. Diese KollegInnen werden Ihre Ideen unterstützen, und zwar möglichst öffentlich und in großer Runde. Im Idealfall sitzt eine Führungskraft mit in Ihrem Boot …

6. Beweisen Sie Fingerspitzengefühl!

Bei der Selbst-PR geht es also vor allem darum, die richtigen Informationen über sich selbst zum passenden Zeitpunkt und an wichtiger Stelle zu platzieren. Dazu gehört allerdings auch die Umsicht, Unpassendes ungesagt zu lassen, was mitunter ungleich komplizierter ist.

Ein Beispiel: Stellen Sie sich vor, Sie haben einen großen Kunden für das Unternehmen gewonnen. Darauf können Sie stolz sein und jubeln zu Recht, unmittelbar nachdem Sie den Zuschlag erhalten haben. Ihren herbeigeeilten KollegInnen erzählen Sie in aller Ausführlichkeit von dem erfolgreichen Gespräch. Dabei vergessen Sie auch nicht zu erwähnen, dass der Kunde Ihnen im Laufe des Gespräches versichert hat, noch nie einen so kompetenten Ansprechpartner in Ihrem Unternehmen gehabt zu haben. Pech nur, dass Ihr Vorgänger mit im Raum sitzt. Und ärgerlich auch, dass diese kleine Randinformation sofort in die Chefetage kolportiert wird. Nach wenigen Stunden stehen Sie als Intrigantin und Angeberin da...

Das sollten Sie beachten:

Beim Thema Selbst-PR ist Fingerspitzengefühl das A und O. Setzen Sie sich in Szene, wenn es passt – aber üben Sie Zurückhaltung, wenn sich die anderen eh zusammenreimen können, warum Sie so erfolgreich sind. Bei dem Beispiel liegt es nämlich auf der Hand, dass Sie einen besseren Kontakt zu dem Kunden haben als Ihr Vorgänger – es extra zu erwähnen ist deshalb nicht nur unnötig, sondern auch ungeschickt. Zurückhaltung hingegen wird in solchen Situationen meist als noble Geste verstanden, die Ihre Reputation nochmals vergrößert.

Versuchen Sie, sich an Situationen zu erinnern, in denen Sie oder auch andere kein Fingerspitzengefühl bewiesen haben. Überlegen Sie sich alternative Verhaltensweisen, um in Zukunft gegebenenfalls besser vorbereitet zu sein.

7. Auf dass die anderen sich am Zaun die Nase platt drücken

Ob Pippi Langstrumpf in der »Kleinen Stadt« einkauft oder in ihrem Garten ein Fest feiert, stets begleiten sie staunende Augenpaare. Sie ist bekannt wie ein bunter Hund – und niemand möchte es verpassen, wenn sie auftritt.

»›Hier kommt Pippi Langstrumpf! Macht Platz für Pippi Langstrumpf!‹, wurde gerufen, und die Menschen gingen zur Seite, um Pippi vorbeizulassen. Pippi grüßte nach rechts und links.«[21]

Allein ihr vermeintlicher Abschied, nachdem Pippi verkündet hat, mit ihrem Vater in See stechen zu wollen, ist ein Großereignis, an dem alle teilhaben wollen.

Das sollten Sie beachten:

Eine gelungene Selbst-PR arbeitet kontinuierlich daran, den eigenen Bekanntheitsgrad zu steigern. Man nennt das heute neudeutsch »Personal Branding«. Pippi muss dazu weit weniger tun als unsereins – fällt sie doch allein durch ihr Aussehen, ihre Lebenssituation und ihre Stärke aus dem Rahmen. Das tun wir natürlich nicht. Wir raten auch dringend davon ab, mit rot gefärbten Pippilotta-Zöpfen im Büro aufzutauchen. Ebenso sollten Sie nicht unbedingt lauthals mit Ihrem letzten Turniersieg beim Golfen prahlen. Blender und Angeber mag nämlich niemand. Es kommt also auf das richtige Maß an, damit andere sich die Nasen platt drücken, um etwas von Ihnen zu erhaschen. Ein diskreter Pin am Revers, der Sie als Mitglied eines prominenten Clubs oder einer spannenden Initiative ausweist, funktioniert fast immer. Eingeweihte kennen das Symbol ohnehin, alle anderen fragen bei Interesse nach. Und genau das ist das entscheidende Detail: Sie erzählen nicht unaufgefordert von sich, sondern werden darum gebeten.

So werden Sie bekannter

Am wirkungsvollsten ist der indirekte Weg: Sorgen Sie dafür, dass man von Ihnen spricht, dass sich Ihre Leistungen und Erfolge herumsprechen. Das klappt prima über Arbeitsteams, Ihre Sekretärin, Ihre Führungskraft, eine Mentorin/einen Mentor, mögliche Tandempartner ... oder über den Flurfunk. Wer ein verlässlicher Kommunikator ist, wissen Sie selbst am besten.

Auch wohldosierte Hilfsbereitschaft funktioniert: Wenn Sie anderen – ohne sich aufzudrängen – mit Rat und Tat zur Seite stehen, macht das schnell die Runde. Wenn andere Sie loben, ist das wirkungsvoller als jedes Eigenlob. In diesem Zusammenhang spricht man auch von Empfehlungsmarketing. Unser Tipp: Verschwenden Sie Ihre Hilfsbereitschaft nicht, sonst gewöhnen sich die anderen schnell daran und betrachten es als selbstverständlich. Entscheidend ist die Qualität, denn die bleibt in den Köpfen hängen.

Denken Sie über Ihre Präsenz in sozialen Netzwerken nach. Über gezielte Posts lassen Sie auf Plattformen wie Facebook, XING, LinkedIn oder in (fachlichen) Communitys interessierte Menschen an Ihrem Können und Ihren Erfolgen teilhaben. Trennen Sie dabei unbedingt Privates von Beruflichem – Personalabteilung und Führungsriege lesen möglicherweise mit ...

Das brauchen Sie im Handgepäck:

Behalten Sie einen kritischen Blick für Informationen aus dem Netz. Suchmaschinen lassen sich optimieren und mit ein paar geschickten Einträgen hat sich schon so mancher zum Spezialisten gekürt, ohne dass viel dahintersteckte.

Achten Sie deshalb auch bei Ihrer eigenen virtuellen Präsenz immer wieder auf Qualität, Ehrlichkeit und Informationsgehalt.

8. Leben Sie Ihr Pippilotta-Image!

Wenn Ihre Selbst-PR bereits gezündet hat, Sie also langsam, aber sicher ein Gesprächsthema geworden sind, verkörpern Sie automatisch ein bestimmtes Image. Sie sind die Frau mit den sprühenden Ideen, die Frau, die gegen den Mainstream schwimmt, oder die Frau, die dem allgemeinen Trend immer eine Nasenlänge voraus ist. Oder Sie verkörpern in jeder Hinsicht edle, klassische Werte, unterscheiden stets treffsicher zwischen Eintagsfliegen und Dauerbrennern und stehen für Lifestyle der gehobenen Art. Vielleicht kennt man Sie auch als Abenteurerin, die vor keiner Herausforderung zurückschreckt, die keine Risiken scheut und gerne Neues ausprobiert. In welche Richtung auch immer Sie Ihr Image aufbauen und pflegen: Sie sollten es auch verkörpern, damit das Bild zur Geschichte passt. Eine Pippi Langstrumpf mit Collegeschuhen, Faltenrock und Föhnfrisur hätte wohl kaum zur Villa Kunterbunt, ihren Abenteuern auf See und ihren vielen merkwürdigen Gewohnheiten gepasst. Das heißt: Das Gesamtbild muss stimmen, um glaubwürdig zu sein. Im beruflichen Umfeld sollten Sie daher Ihre Kleidung, Ihre Büroeinrichtung und die Accessoires, mit denen Sie sich umgeben, noch einmal kritisch hinterfragen. Passen Sie ins Bild oder nicht? Sind sie ein verblüffend frecher Hingucker oder ein irritierender Störfaktor?

Das sollten Sie beachten:

Statussymbole gehören zu diesem Aspekt der Selbst-PR zwingend dazu, auch wenn Sie nun vielleicht die Augen verdrehen, weil Ihnen so etwas bislang ziemlich unwichtig war. Aber Statussymbole stehen für Hierarchiestufen, Macht und Einfluss. Denken Sie doch mal darüber nach, welche Statussymbole Ihr Image unterstützen könnten. Mehr dazu im nächsten Kapitel »Ein Koffer voll Gold«.

Stellen Sie sich morgens, bevor Sie aus dem Haus und ins Büro gehen, vor einen Spiegel. Entsprechen Sie optisch den Erwartungen, die Sie in den Ring geworfen haben? Oder könnte man Ihre Abenteuerlust, Ihr Faible für neue Trends oder ihr wertekonservatives Standing, zum Beispiel durch entsprechende Kleidung oder Accessoires, noch optimieren und so Ihr Gesamtbild abrunden?

Das brauchen Sie im Handgepäck:

Sie haben sich ein bestimmtes Image aufgebaut. Sie gelten als Powerfrau, Pionierin, Erfinderin oder als Schreck aller Nörgler und Querulanten. Und niemand stellt es noch infrage, bis Ihnen einer der klassischen Fehler unterläuft und Sie ...

- beim Meeting in einer Herrenrunde automatisch zur Kaffeekanne greifen und allen einschenken.
- mal eben schnell etwas für alle kopieren.
- die Planung für das Büfett beim nächsten Betriebsfest übernehmen (»weil Sie als Frau es ja ohnehin viel besser können«).
- das Steuer Ihres flotten Firmenwagens automatisch Ihrem Kollegen überlassen, weil er eben lieber selbst fährt.

Gegen solche Stolpersteine auf dem Weg nach oben sollten Sie jederzeit gewappnet sein: Sagen Sie Nein, bitten Sie einen Kollegen, den Kaffee zu kochen (»bei mir zu Hause macht es der Mann«) oder sitzen Sie die Situation einfach aus, bis jemand anderes sich erbarmt. Sonst sind Sie im Handumdrehen in einem Rollenmuster gelandet, das ihre Selbst-PR zunichtemacht.

9. Vergessen Sie Tommy und Annika nicht!

Selbst-PR ist eine langfristige Strategie. Es geht nicht darum, um jeden Preis aufzufallen, sondern Ihren Vorgesetzten und KollegInnen langfristig in Erinnerung zu bleiben. Das Ziel: Sobald bestimmte Themen aktuell werden oder ein interessanter Posten vakant ist, hat man Sie auf dem Schirm.

Damit das klappt, brauchen Sie Verbindungen und Beziehungen. Im Hintergrund müssen Menschen wohlwollend über Sie reden. Insofern müssen Sie Ihre Netzwerke pflegen, Menschen in Ihrem Umfeld regelmäßig mit Informationen versorgen und sie ein wenig an Ihrem Leben teilhaben lassen. Frischen Sie die Erinnerungen an Ihre Person regelmäßig auf. Hier ein paar Anregungen:

- regelmäßige informelle Treffen, um in lockerer Runde über dies und das zu plaudern
- Einladungen zu einem kleinen Umtrunk an alle Beteiligten oder Profiteure, wenn ein Projekt gut gelaufen ist
- Mini-Newsletter aus Ihrer Abteilung, um die anderen Teams auf den neuesten Stand zu bringen
- (Wichtig!) Geburtstags-, Weihnachts- oder Neujahrskarten mit ein paar persönlichen Zeilen

Wenn Ihre PR-Botschaft nicht zündet

Nicht immer kommen Sie bei den anderen an. Das ist mitunter eine schmerzvolle Erfahrung, die Ihnen aber wichtige Informationen liefern kann. Zur Erinnerung: Als Pippilotta unterwegs zu sein heißt, eine gute Strategie für die eigene Sichtbarkeit zu haben. Nur wenn Sie mit sich selbst in Kontakt sind, mobilisiert sich Ihre Stärke – und Sie können Ihrem beruflichen Umfeld zeigen, was an Schätzen in Ihnen steckt. Hier ist also viel Selbstreflexion gefragt. Packen Sie also nichts von dem, was sich in Ihrer Seelenkommode stapelt, einfach weg, sortieren Sie nichts vorschnell aus – und lassen Sie sich vor allem nicht von anderen sagen, in Ihrer Kommode sei zu viel. Seien Sie lieber stolz drauf, denn:

Wer viel hat, kann auch viel einsetzen!

Hat man Ihnen schon mal vorgehalten, Sie würden zu viel lachen, die Dinge zu leicht nehmen, immer zu viele Ideen gleichzeitig im Kopf haben, zu oft nachfragen, Kunden zu ernst nehmen, zu viel Engagement an den Tag legen, zu viel Fantasie besitzen, zu viel auf einmal wollen?

Das Einzige, was Sie dann tun müssen: das Sammelsurium sortieren und dann in so kleine Häppchen verpacken, dass andere die Portionen auch schlucken können.

Aber vielleicht stimmt auch Ihr berufliches Umfeld nicht. Vielleicht haben »Topf und Deckel« sich einfach noch nicht gefunden ... Nicht selten begegnen uns ausgerechnet Pippilottas, die der Meinung sind, sie seien verkehrt für die Unternehmen.

»Ich habe mich schon bei 100 Unternehmen beworben, doch keine Bewerbung hatte bislang Erfolg.«

Wir: »Wie muss sich denn das Unternehmen präsentieren, bei dem Sie gerne arbeiten würden?«

Für Pippilotta ist es nämlich wichtig, jenes Unternehmen zu finden, das zu den eigenen Kompetenzen und zum eigenen Stil passt, statt in blindem Aktionismus auf jede Stellenausschreibung zu reagieren.

»Es müsste ein Unternehmen der IT-Branche sein, das nachhaltig agiert und auf Ethik achtet.« Mit einer solchen Antwort im Handgepäck verändert sich die Suche, weil sie eine imaginäre Anzeige enthält. Drehen Sie also den Spieß um: Nicht das Unternehmen wählt aus, sondern Sie wählen das Unternehmen aus. So vermeiden Pippilottas auch ganz nebenbei manch unnütze und schale Begegnung.

Geben Sie Ihre persönliche Anzeige auf!

Welche Ansprüche haben Sie an ein Unternehmen?

Was muss Ihnen ein Arbeitgeber bieten, damit Sie motiviert arbeiten?

Welche Aufgaben suchen Sie?

Zu welcher Art von Unternehmen passt Ihr Personal Branding?

Und wie viel Zeit sind Sie bereit, in diese Suche zu investieren?

Wie sehen Ihre Bewerbungsschreiben nach diesem umgedrehten Suchvorgang aus?

Je anspruchsvoller Ihre Wünsche sind, desto länger mag es dauern, bis Sie fündig geworden sind, aber: Als Talisman schenkt Ihnen Pippi Langstrumpf das Symbol eines starken Pferdes auf der Veranda und das Bild eines kleinen Affen, in dem Vergnügen und Heiterkeit steckt.

Und wenn Sie einmal an sich und Ihrer Mission zweifeln, denken Sie einfach an die Helden und Heldinnen Ihrer Kindheit, die Ihnen bis heute zur Seite stehen!

Das Pferd kriege ich schon gestemmt!

7

Ein Koffer voll Gold: Über den Umgang mit Geld und Status

» *›Lebt wohl, Jungs‹, sagte Pippi und gab allen der Reihe nach einen Kuss auf die Stirn. ›Habt keine Angst um mich. Ich komm immer zurecht.‹«*[22]

Und was nimmt sie mit? Ihren Affen Herrn Nilsson – und einen Koffer, prall gefüllt mit Goldtalern!

Ja, Sie haben richtig gelesen: Bereits im ersten Kapitel ihrer »Pippi Langstrumpf«-Trilogie stellt Astrid Lindgren klar: Ihre Heldin braucht auch Geld! Denn Geld macht unabhängig, frei und glücklich, wenn man sich davon Dinge leisten kann, die einem am Herzen liegen. Darum ist Pippis erste Tat auch der Kauf eines Pferdes:

»Sie hatte ein eigenes Pferd, das sie für eines ihrer vielen Goldstücke gekauft hatte, an demselben Tag, als sie heimgekommen war in die Villa Kunterbunt. Sie hatte sich immer nach einem eigenen Pferd gesehnt. Und jetzt wohnte es auf der Veranda.«[23]

Wir halten dieses Detail für bemerkenswert, vor allem weil die wenigsten LeserInnen die materielle Unabhängigkeit der sommersprossigen kleinen Schwedin als herausragende Eigenschaft erinnern. Der Koffer mit den Goldstücken taucht zwar immer wieder auf – meist jedoch als Anlass für spannende Abenteuer, da Landstreicher oder Seeräuber ihn klauen wollen. Mit Pippi als Persönlichkeit wird er allerdings kaum in Verbindung gebracht. Warum auch? Schließlich gilt der schnöde Mammon als weniger wertvoll als die wahren menschlichen Werte.

Das ist ziemlich ungeschickt, finden wir. Denn Geld ist wichtig, wertvoll und ein bedeutendes strategisches Thema bei der Karriereplanung. Und die Fakten sprechen für sich: Mit Frauen in der Führungsetage, so das Ergebnis einer Untersuchung des Wirtschaftsprüfungs- und Beratungsunternehmens Ernst & Young bei den 300 größten börsennotierten Unternehmen Europas,[24] wirtschaften Unternehmen erfolgreicher. Demnach sind – zumindest rein statistisch gesehen – Frauen an der Unternehmensspitze ein Erfolgsgarant. Insofern ist es wohl bald an der Zeit, den antiquierten Satz »Hinter einem erfolgreichen Mann steht eine starke Frau« entsprechend umzuformulieren: »Hinter einem erfolgreichen Unternehmen steht eine starke Frau.« Pippilottas eben!

Lernen Sie, über Geld zu reden!

Wenn Frauen so gut mit Geld umgehen können: Warum verhandeln dann so viele von ihnen so schlecht für sich selbst? Liegt es daran, dass Frauen wesentlich weniger Vorbilder haben als Männer, wenn es um profitable Gehaltsverhandlungen geht? Immerhin dürfen verheiratete Frauen in Deutschland erst seit 1969 ein eigenes Konto eröffnen und über ihre Berufstätigkeit bestimmen. Bis dahin galt eine verheiratete Frau schlicht nicht als geschäftsfähig. Männer hingegen verhandeln schon seit Jahrtausenden über Projekte, Bauten, Honorare, Posten. Deshalb ist es wichtig, dass auch Frauen genauso selbstverständlich über Geld reden wie über andere Dinge, die ihnen wichtig sind. Mit jeder Verhandlung, egal ob mehr oder weniger erfolgreich, werden Frauen sicherer und rhetorisch versierter – und jede neue Erfahrung dient auch als Vorbereitung für das kommende Gehaltsgespräch.

Viele Frauen scheitern bei Gehaltsverhandlungen, bremsen sich selbst aus, noch bevor sie die gläserne Decke überhaupt berührt haben, weil sie anders gestrickt sind als Männer.

Eigenen Umfragen zufolge ...

- wollen Frauen einen Sinn in der Arbeit finden.
- bewerten Frauen ein gutes Arbeitsklima höher als die Honorierung.

- verzichten Frauen um der Vereinbarkeit von Beruf und Familie willen auf eine höhere Gehaltsstufe.

- denken Frauen seltener betriebswirtschaftlich.

- vermeiden Frauen es, hart um Geld zu feilschen und zu pokern.

Das hat nicht nur spürbare Auswirkungen auf den eigenen Geldbeutel, sondern auch auf die berufliche Karriere.

Die meisten Männer hingegen – und das ist in mancher Hinsicht vorbildhaft – suchen sowohl den Sinn als auch einen Grund: Sie wollen wissen, was es ihnen bringt. Die Aufgabe muss ihnen also einen persönlichen Nutzen sowie bare Münze, Status oder Macht bieten.

Emotionaler Gewinn ist schön, macht aber nicht unabhängig.

Um einen entspannten Umgang mit Geld pflegen zu können, muss erst mal ein freundlicher Kontakt bestehen. Wenn Sie einen zwischenmenschlichen Kontakt pflegen, ist dies ein Zeichen der Hinwendung, nicht zwanghaft und nicht ständig, aber immer wieder freundlich, aufmerksam und offen. Also: Bleiben Sie in Kontakt mit Geld, zeigen Sie sich zugewandt und aufgeschlossen. Das ist der erste Schritt.

Auch Pippi Langstrumpf geht entspannt mit ihren Goldstücken um. Sie weiß um den materiellen Wert (ohne ihn exakt beziffern zu können), weil sie sich damit alles leisten kann, was sie möchte. Das ist zunächst ihr Pferd Kleiner Onkel (ein Herzenswunsch), später sind es vor allem Geschenke für andere. Sie weiß nämlich auch um den immateriellen Wert, der ihr aus den daraus resultierenden

Freiräumen erwächst: Sie kann Menschen glücklich machen und einfach Spaß haben. Ja, Geld darf eine vergnügliche Sache sein. Sprechen Sie deshalb darüber wie über einen guten Freund und nicht wie über einen lästigen Staubsaugervertreter.

Damit es langfristig wirklich »gleichen Lohn für gleiche Arbeit« gibt, müssen wir lernen, entspannt über Geld zu sprechen. Wenn wir das schaffen, haben es unsere Töchter und Enkelinnen wesentlich leichter: Für sie wird es dann nämlich völlig normal sein und zu beruflichem Erfolg dazugehören, die Themen Honorar, Gehalt oder Boni zu erörtern.

Mehr Gehalt gefällig?

Es gibt viele Seminare, Bücher und Experten, die Ihnen beim Üben von Gehaltsverhandlungen gerne zur Seite stehen – allerdings nur einen Ort, an dem Sie das Verhandeln direkt und ohne viel Aufwand trainieren können: den Flohmarkt. Hier können Sie üben, über Geld zu reden, zu verhandeln und zu feilschen, zu gewinnen und zu verlieren, ohne dass es ums große Ganze geht. Denn auf dem Flohmarkt gelten dieselben Spielregeln wie bei Verhandlungen im Berufsalltag.

Konkret heißt das: pokern! Und zwar so wie Ihre männlichen Kollegen, die meist 20 Prozent über ihrem eigentlichen Ziel einsteigen, während Frauen von vornherein 20 Prozent drunter bleiben. Da kommt eine hübsche Summe in der Differenz zusammen, die letztendlich nichts anderes ist als eine vertane Chance. Hier die drei wichtigsten Spielregeln für Sie:

1. Pokerface – bleiben Sie auch dann ungerührt, wenn Ihr Gegenüber versucht, Sie zu verunsichern!

2. Bluffen – und zwar dann, wenn Ihr Gegenüber zu hoch pokert, weil er sicher ist, Sie in der Tasche zu haben. Spielen Sie das Spiel eine Weile mit, um dann lächelnd und mit Sachargumenten zurück zu Ihrer Forderung zu kommen.

3. Asse halten – und zwar bis zum Schluss! Erst wenn es wirklich darauf ankommt, werfen Sie Ihre Asse ins Spiel, indem Sie zum Beispiel ein Konkurrenzangebot erwähnen oder einen direkten Draht zum Kunden, von dem bislang niemand etwas wusste.

Beginnen Sie auf dem Flohmarkt mit kleinen Summen. Bieten Sie 50 Cent, wenn jemand 2 Euro haben möchte.

Wichtig: Machen Sie sich vorab klar, was Sie maximal zu zahlen bereit wären, zum Beispiel 1,10 Euro. Und dann verhandeln Sie – und zwar zäh! Sie werden sehen: Schon beim zweiten oder dritten Mal klappt es viel besser ... Und irgendwann gehen Ihnen auch größere Summen ganz leicht über die Lippen, denn Verhandeln ist Übungssache.

Tipp: Vergleichen Sie männliches und weibliches Verhandeln, indem Sie sich gezielt Verkäufer und Verkäuferinnen suchen. Was glauben Sie: Bei wem sind Sie erfolgreicher? Können Sie Unterschiede feststellen, auch interkultureller Art?

Genauso werden Sie sich auch auf Ihre nächste Gehaltsverhandlung vorbereiten. Nehmen wir einmal an, Sie beziehen derzeit ein Jahresgehalt von 50.000 Euro. Ihr männlicher Kollege, das haben Sie inzwischen herausgefunden, macht den gleichen Job wie Sie, bekommt aber 60.000 Euro. Das ist ärgerlich – und leider keine Seltenheit, da die geschlechterspezifische Gehaltsschere noch immer existiert.

Wenn Sie nun zu Ihrem oder Ihrer Vorgesetzten gehen und forsch einfordern: »Das will ich auch!«, haben Sie vermutlich schlechte Karten. Denn auch das gehört zu den Regeln des Verhandelns: Jeder muss nachgeben. Für Sie bedeutet das, dass Sie – vorausgesetzt, Sie machen alles richtig – am Ende vermutlich mit 55.000 Euro Jahresgehalt dastehen, also mit ganzen 50 Prozent weniger, als Sie eigentlich erreichen wollten.

Falls Sie jetzt schlucken und denken: Aber soll ich denn etwa noch mehr fordern? Das ist doch unverschämt, dann erinnern Sie sich an Ihre Übungseinheiten auf dem Flohmarkt ... Sie müssen sogar mehr fordern! In diesem Fall zum Beispiel 68.000 Euro Jahresgehalt und somit 1.500 Euro monatlich mehr. Das werden Sie so wahrscheinlich nicht durchsetzen können, aber Sie haben für sich selbst 5.000 Euro Verhandlungsspiel einkalkuliert. Damit stehen die Chancen gut, Ihr Ziel (63.000 Euro) zu erreichen.

Inneres Krafttraining

Machen Sie sich klar: Sie sind eine Siegerin!
Sie wollen es haben, weil es Ihnen zusteht.

Das A und O der Gehaltsverhandlung: die strategische Vorbereitung

Keine Führungskraft jubelt, wenn ein Mitarbeiter mehr Geld will, denn betriebswirtschaftlich bedeutet das eine Ausgabe mehr, die sich in der Bilanz niederschlägt. In Ihrer Vorbereitung kommt es deshalb darauf an, nicht nur Ihre Rechte geltend zu machen, sondern auch Ihren Wert für das Unternehmen klarzustellen.

1. Recherchieren Sie vorab!

➲ Wie wird Ihre Position in anderen Unternehmen bewertet?

➲ Gibt es vergleichbare Positionen in Ihrem Unternehmen?

➲ An welchen Gehaltsstufen und Gehaltssprüngen können Sie sich orientieren?

- Gibt es ein Frauennetzwerk in Ihrem Unternehmen, das Ihnen mit transparenten Informationen, Erfahrung, Rat und Tat zur Seite stehen kann?

2. Werden Sie zur fetten Beute!

Erklären Sie in wenigen Worten, warum Sie das gewünschte Geld wert sind. Die Argumentation können Sie wunderbar im Vorfeld üben, sodass Sie bei Ihrem Auftritt nicht ins Stottern geraten. Welche Verhandlungsargumente Sie in den Ring werfen, ist natürlich abhängig von Ihrer persönlichen Situation. Hier einige Beispiele:

- erfolgreiche Projekte oder Innovationen, die unter Ihrer Verantwortung realisiert wurden
- wichtige Verkäufe oder Neukunden, die Sie akquiriert haben
- Abteilungen oder Bereiche, die unter Ihrer Führung im Unternehmen entstanden sind
- kostspielige Fehler oder Prozesse, die Sie erkannt und im Sinne des Unternehmens ausgemerzt haben
- Ihr Verhandlungsgeschick, das sich immer wieder im Umgang mit Lieferanten oder schwierigen Kunden zeigt

Die entsprechenden Daten, Zahlen und Fakten sollten Sie präsent und das Gespräch in der Hand haben.

Übersehen Sie dabei geflissentlich das Schauspiel, das Ihr Gegenüber möglicherweise bietet, indem er das Gesicht verzieht, Dominanzgebärden aufführt oder immer wieder versucht, Sie zu unterbrechen. Denken Sie daran: Das gehört zum Spiel, auch wenn es nicht Ihr Stil ist.

Klare Worte führen zum Ziel

»Wäre es okay, wenn Sie mir ein bisschen mehr geben würden?«

Würde Pippilotta mit diesem Satz in eine Gehaltsverhandlung einsteigen? Wohl kaum. Denn sie kommuniziert direkt, indem sie ausspricht, was sie will. Das klappt im Bonbonladen ebenso gut wie unter Seeräubern, im Zirkus oder im Limonadenbaum.

Annika hingegen agiert verhalten. Sie kommuniziert wie viel zu viele Frauen indirekt und mit Formulierungen, die »möchte«, »würde«, »könnte«, »sollte« oder »dürfte« enthalten. Das Problem: Männer überhören indirekte Forderungen gerne. Das erlebt Pippi mit Räubern, Polizisten und Zirkusdirektoren, als sie diese zunächst höflich-defensiv anspricht. Dummerweise sind die aber alle auf diesem Ohr taub.

»Und wenn es dann doch kommt, das Nein?« Sie waren richtig gut vorbereitet, haben Ihre Argumente flüssig darstellen können, dabei das ungeduldige Räuspern Ihres Gegenübers ebenso gekonnt überhört wie seine Versuche, das Gespräch an sich zu reißen. Und trotzdem sind Sie nicht am Ziel?! Genau in diesem Moment, das hören wir von unseren Seminarteilnehmerinnen immer wieder, geben viele Frauen auf. Das Nein ist für sie das Signal, dass die Unterredung nun beendet ist. Ende der Fahnenstange, nichts geht mehr.

Irrtum, da geht nämlich noch eine ganze Menge. Denken Sie an den Flohmarkt! Für Sie bedeutet ein Nein in dem Moment, dass Ihr Gegenüber **N**OCH **E**INIGE **I**NFORMATIONEN **N**ÖTIG hat. Von Ihnen! Ein Nein ist also nicht der Schluss, sondern der Beginn einer wunderbaren Feilscherei.

»Wir können das aber nicht zahlen ...«

»Im Moment sehe ich da leider keine Chance ...«

»Ich weiß ja, dass Sie eine gute Kraft sind, aber die momentane wirtschaftliche Lage …«

Kommt einer dieser Sätze (und das passiert oft!), fängt die Verhandlung erst richtig an. Denn nun geht es darum, trotzdem einen Gewinn aus der Verhandlung zu ziehen – auch wenn es keine Münzen oder Scheine sind. Was könnte also ebenfalls ein Gewinn oder Ziel für Sie sein? Haken Sie nach und erkundigen Sie sich nach …

- Weiterbildung und karrierefördernden Maßnahmen.
- den Perspektiven Ihrer Karriereplanung im Unternehmen.
- anderen Ansprechpartnern für Ihre Forderungen.
- Möglichkeiten, Ihre Verbesserungsvorschläge im Unternehmen umzusetzen (natürlich nur entsprechend honoriert).
- gegebenenfalls einem Assistenten.
- einem geräumigeren/helleren Büro.
- anderen Aufgabenbereichen, die Ihnen vielleicht besser gefallen.
- familienorientierter Unterstützung durch das Unternehmen.
- der Aussicht auf eine Einmalzahlung oder nach einem Firmenwagen.

Alles ist gut und ein Gewinn, solange es nicht die Hierarchie ist, die zu kurz kommt. Achten Sie deshalb unbedingt darauf, dass Sie sich keinesfalls herabstufen. Weniger Geld, mehr Freizeit und dafür eine weniger verantwortungsvolle Aufgabe? Ein No-Go! In Unternehmen wirken nämlich nicht nur Zahlen, sondern auch die Stufe, auf der ein Mitarbeiter steht. Lassen Sie sich also nicht mit Zeit verführen, es sei denn, bei gleicher Hierarchiestufe.

Lassen Sie sich nicht manipulieren!

Zugegeben: Es ist nicht ganz einfach, in einer ohnehin angespannten Situation wie einer Gehaltsverhandlung sofort zu erkennen, wenn man manipuliert wird. Denn das Repertoire an Täuschungen und Ablenkungen ist groß.

Ein typisches Ablenkungsmanöver: Sie arbeiten in einer großen PR-Agentur und liegen seit Monaten über dem Soll. Nach dem Ausscheiden einer Kollegin haben Sie zusätzlich einige ihrer Aufgaben übernommen. Gute Gründe also für mehr Gehalt. Als Sie genau diese Gründe sachlich erläutern, fällt Ihr Gegenüber Ihnen ins Wort: »Meine Frau ist Krankenschwester. Da werden auch Stellen abgebaut und Überstunden geschoben. Meinen Sie, sie bekommt deshalb gleich mehr Geld?«

Vermutlich werden Sie erst mal sprachlos sein. Sie fühlen aber ganz genau, dass da irgendetwas nicht stimmt, nur können Sie es nicht verbalisieren. Mit Worten wie »Aber das ist doch etwas ganz anderes« laufen Sie ins Leere – und würden damit zudem die Frau des Chefs diskreditieren. Lieber nicht ... Aber gleich aufgeben?

Der Trick, der Sie gerade aus dem Konzept bringt, ist ein Klassiker, dem man überall begegnet: Das eigentliche Thema samt Argumentation (mehr Geld für mehr Arbeit) wird verlassen; Totschlagargumente, die mit der Situation nichts zu tun haben, beenden frühzeitig das Gespräch.

Ignorieren Sie solche Manipulationsversuche nicht, sondern reagieren Sie. Bleiben Sie dabei sachlich, verzichten Sie auf emotionale Gegenangriffe.

- ➲ Lassen Sie Ihren Körper sprechen: Halten Sie den Blick des anderen aus. Wenn Sie stehen, stellen Sie sich mit beiden Füßen fest auf den Boden; wenn Sie sitzen, setzen Sie sich bewusst aufrecht hin.

- ➲ Lenken Sie zurück aufs Thema, indem Sie darum bitten, bei Ihnen und Ihrem Anliegen zu bleiben.

- ➲ Entwaffnen Sie Ihr Gegenüber: Sagen Sie, dass Sie seine raffinierte Argumentation nachvollziehen können, aber nicht seiner Meinung sind. Oder Sie erklären, dass Sie seine Methode durchschaut haben. Führen Sie dazu Beispiele an. Das wird besonders dann funktionieren, wenn Ihr Chef immer wieder mit denselben Mitteln arbeitet. In diesem Fall sollten Sie sich genau darauf vorbereiten und Ihre Argumentation im Vorfeld proben.

- ➲ Und wenn gar nichts mehr hilft und Sie aus dem Konzept gekommen sind? Thematisieren Sie das Problem! Wenn Sie spüren, dass Ihre Gedanken nicht mehr klar laufen, bitten Sie den anderen, noch einmal alles Punkt für Punkt mit Ihnen durchzugehen, oder haken Sie bei den Aussagen, die Ihnen nicht verständlich sind, nach.

Sie werden staunen, wie viel besser eine gut vorbereitete Gehaltsverhandlung klappt. Hier eine Checkliste, die Sie vor dem nächsten Gespräch mit Fakten füllen können.

Mein persönlicher Fahrplan für das Gespräch:

- Angestrebte Position:
- Meine Fähigkeiten und Qualifikationen:
- Meine Fragen zu der Stelle:
- Das will ich in Zukunft verdienen:
- Das habe ich über eine angemessene Vergütung herausgefunden:
- Befristeter Vertrag? So werde ich argumentieren:
- Das interessiert mich noch (zum Beispiel Familienfreundlichkeit, Weiterbildungsmöglichkeiten):
- Meine konkreten Forderungen:
- Individuelle Frage:
- Falls gar nichts fruchtet: Welche berufliche Alternative gibt es für mich? Habe ich einen Plan B?
- Nach dem Gespräch ist vor dem Gespräch. Wie werde ich mich verabschieden? Und vor allem: Wie sichere ich das Ergebnis? (Vorschlag: Lassen Sie es sich gegebenenfalls schriftlich bestätigen!)

Am Ende – auch das gehört zu den Regeln einer gelungenen Verhandlung – darf kein Verhandlungspartner gerupft dastehen! Ein paar Federn zu lassen ist okay, aber beide sollten die Pokerrunde mit erhobenem Haupt verlassen können. Denn die nächste Verhandlung kommt bestimmt.

… und das ist mein Pferd!

Gehalt. Status. Dienstwagen. Den meisten Frauen sind diese Dinge weniger wichtig als eine befriedigende Tätigkeit und nette Kollegen. Dagegen ist im Prinzip nichts einzuwenden, doch genau dieses Detail ist ein klassischer Karrierekiller!

Statussymbole sind in der nach wie vor männlich geprägten Welt der Führungsetagen eine Art Geheimcode, der in etlichen Situationen Bestandteil der Kommunikation ist. Ja, es geht tatsächlich genau darum: mein Boot, mein Haus, mein Dienstwagen, mein Dienst-iPad, das Büro mit Panoramablick und Vorzimmer, der Parkplatz in der Tiefgarage, das Businessclass-Ticket. Hinzu kommen Kleidung und Schuhe, Büroeinrichtung, Uhr, das In-Restaurant, in dem man jederzeit einen Tisch bekommt, Urlaubsziele, der angesagte Stadtteil, in dem man sich gerade eine Wohnung gekauft hat, akademische Titel (wie auch immer sie zustande gekommen sein mögen) … All diese Dinge machen Eindruck und sind somit Symbole, die für Erfolg, Einfluss und Stärke stehen. Sie dienen dazu, sich abzugrenzen und in einer bestimmten Hierarchiestufe einzurichten – zumindest in der Wahrnehmung anderer. Deshalb ist es gerade für Aufsteiger so wichtig, sich mit möglichst vielen dieser Symbole zu umgeben.

Frauen hingegen lehnen diese oft als »oberflächlich« abgetanen Äußerlichkeiten gerne lautstark ab, obwohl sie selbst mit einem weiblichen Statuscode kommunizieren: It-Bags, Schmuck, Kleidermarken, Frisuren und vor allem die Figur. Sie vergleichen sich ebenso, spüren oder schüren Neid, Konkurrenz und wollen Dinge erreichen, um dazuzugehören. In der Businesswelt allerdings spielen sie das Spiel nicht mit: Dicke Autos und Co. interessieren sie nicht. Hauptsache, sie bekommen überhaupt einen Firmenwagen, die Marke ist egal.

Das ist jedoch ganz schön kurzsichtig. Es könnte nämlich durchaus relevant sein, den größeren Wagen zu fahren (und Spaß machen könnte es auch!), um zu zeigen, welche Rolle Sie in Ihrem Unternehmen spielen. Und dieser Code funktioniert weltweit: Wer über Symbole den eigenen Wert definiert, erhält die entsprechende Belohnung. Da geht es wohlgemerkt nicht um Leistung, sondern um Dinge, sichtbare Beweise der eigenen Bedeutung. Für Aschenputtel, die erst vom Prinzen entdeckt und dann zur Königin gemacht werden wollen, ist in der Geschäfts- und Karrierewelt kein Platz.

Wenn Sie aber mitmachen, bekommt Ihre Karriere spürbar Schwung. Versuchen Sie es mal, indem Sie die teure Uhr, die Sie nur selten tragen, ab sofort deutlich sichtbar am Handgelenk blitzen lassen. Plaudern Sie in der Kaffeeküche über Ihren letzten Urlaub in Südafrika, erwähnen Sie einen interessanten Abend im angesagten Restaurant, schreiben Sie im Meeting nur mit dem edlen Füllfederhalter, den Sie bislang nie benutzt haben. Die anerkennenden Blicke Ihrer männlichen Kollegen sind Ihnen sicher.

Setzen Sie sich mit dieser Form der männlichen Kommunikation auseinander – es ist nicht besonders schwer. Und mischen Sie ab sofort mit, indem Sie die gleichen Statussymbole einfordern und zeigen wie Ihre Kollegen. Sie stehen Ihnen zu. Und gleichzeitig demonstrieren Sie: Ich bin eine erfolgreiche Frau, die ihrem Unternehmen einiges wert ist. Es gibt keine bessere Ausgangslage für die nächste Verhandlungsrunde!

8

Warum Pippilotta Herrn Nilsson, die kleine Stadt und die Südsee braucht: Sinn und Zweck von Netzwerken

Netzwerke knüpft man, um sich mit anderen zusammen gemütlich darin baumeln oder wenn nötig schneller von A nach B tragen zu lassen. Allerdings können Netzwerke nicht auf Knopfdruck geknüpft werden, sondern bedürfen eines zeitlichen Vorlaufs, Pflege und guter Fütterung. Hat man diese Bedingungen erfüllt, erweisen sich Netzwerke häufig als äußerst unterhaltsam, nützlich und unterstützend. Das lehrt uns auch Pippi Langstrumpf, als sie zwei Jungs aus dem brennenden Elternhaus rettet. Alle Bewohner der kleinen Stadt stehen rat- und kopflos vor der Situation – nur Pippi weiß, was zu tun ist, indem sie ihr hauseigenes Netzwerk nutzt!

»Pippi stieg vom Pferd und ging zu dem Baum. Dann nahm sie das Seil und band es an Herrn Nilssons Schwanz fest.«[25]

Der Affe klettert den Baum hoch und findet über einen Ast mühelos den Weg zu den eingeschlossenen Kindern. Klettern ist schließlich seine Kernkompetenz. Für Pippi ist es danach ein Leichtes, über das gespannte Seil balancierend zu dem brennenden Haus zu gelangen. Zusammen schaffen Pippi und der Affe es also, die beiden Kinder zu retten. Netzwerke knüpfen und nutzen: Im Privatleben gehört das meist einfach dazu, indem wir Freund- und Nachbarschaften pflegen. Im beruflichen Umfeld aber widmen Frauen sich immer noch viel zu selten dieser so wunderbaren Karrierebrücke. Männer ticken in dieser Hinsicht ganz anders: Sie nutzen und mehren ihre Kontakte ständig, um wichtige Informationen, gerne auch über andere Menschen und Projekte, einzuholen. Außerdem verstehen sie Netzwerke ohne falsche Scham als eine Art Empfehlungsmanagement und Trittleiter nach oben. »Du kennst doch jemand, der dort arbeitet, öffnest du mir mal die Tür?« – »Sag mal, du bist doch so gut mit dem Fischer bekannt. Könntest du bei dem mal meinen Namen fallen lassen?« In solchen Männernetzwerken wird hin und her empfohlen. Frauen erweisen sich oft als sperriger, weil sie »aus eigener Kraft und aufgrund der Leistung« weiterkommen wollen. Doch sind es nicht die Leistungen, die bei diesem Empfehlungsmanagement im Vordergrund stehen, sondern zuallererst die Beziehungen. Allerdings sollte die Leistung später halten, was die Empfehlung verspricht – allein um den Empfehlenden nicht zu blamieren.

Frauen scheuen davor zurück, Beziehungen respektive Netzwerke für das eigene Vorankommen zu nutzen. Wohin der unterschiedliche Umgang mit dem berühmten Vitamin B führt, ist nicht zuletzt an den Toppositionen in deutschen Unternehmen ablesbar: Sie sind – bis auf wenige Ausnahmen – fest in männlicher Hand. Interessanterweise hat eine Studie des Forsa-Instituts[26] herausgefunden, dass 70 Prozent der rund 500 befragten weiblichen Führungskräfte männliche Netzwerke als entscheidendes Karrierehemmnis betrachten. Das ist umso erstaunlicher, als Frauen mehr Kommunikationsstärke attestiert wird. Ein merkwürdiger Widerspruch, oder? Dieser resultiert aber offensichtlich wieder aus tradierten Verhaltensmustern wie Zurückhaltung, Schüchternheit und Bescheidenheit.

Warum fangen wir nicht endlich an, auch im Beruf zielgerichtet zu kommunizieren und Netzwerke strategisch einzusetzen?

Der erste Schritt: das richtige Netzwerk für sich selbst und die eigenen Ziele finden. Dabei geht Qualität auf jeden Fall vor Quantität.

Was soll das Networking Ihnen bringen?

- Suchen Sie den Austausch innerhalb der Branche?
- Streben Sie eine berufliche Veränderung an und möchten deshalb mehr Kontakt zu Mitbewerbern?
- Wollen Sie erfolgreiche Menschen kennenlernen und auf sich aufmerksam machen?
- Möchten Sie Role-Models finden und mittels Best Practice von anderen lernen?
- Geht es Ihnen darum, eine Dienstleistung oder Produkte zu vermarkten?

- Wollen Sie in der Gemeinschaft etwas lernen, bewegen, sozial agieren und/oder etwas für das Gemeinwohl tun?

Es gibt sehr unterschiedliche Gründe, sich in einem Netzwerk zu engagieren – je nach Beruf, Hierarchiestufe und persönlicher Zielsetzung. Dabei sind moderne Netzwerke nicht mehr zwangsläufig auf reale Treffen ausgerichtet, denn auch in Internetforen finden sich Menschen zusammen, um sich auszutauschen.

Hier einige Netzwerke für weibliche Führungskräfte:

- Verband deutscher Unternehmerinnen (VdU). Seit 1954, inzwischen 1.600 Mitglieder/Unternehmerinnen, monatliche Regionaltreffen (www.vdu.de).
- Business and Professional Women – Germany (BPW Germany). Internationales Netzwerk, das in etwa 100 Ländern aktiv ist, regionale Mentoring-Programme, Trainings und Tagungen für Frauen mit Führungsambitionen oder in Führungspositionen (www.bpw-germany.de).
- European Women's Management Development International Network (EWMD). Setzt sich branchenübergreifend für Gleichstellung und gleichberechtigte Zusammenarbeit von Frauen und Männern in Führungspositionen ein (www.ewmd.org).
- Frauen in die Aufsichtsräte (FidAR). Der Name spricht für sich. Hier wird gezielt nach geeigneten Frauen gesucht (www.fidar.de).
- Women's Business Club. In vielen deutschen Städten vertreten, wendet sich an weibliche Führungskräfte, Unternehmerinnen und Selbstständige aus allen Branchen, regelmäßige Treffen und Tagungen (www.womens-business-club.de).

- ➲ Working Moms. Netzwerk für berufstätige Mütter in Führungspositionen (www.workingmoms.de).
- ➲ Webgrrls (sic!). Für weibliche Führungskräfte in den neuen Medien (www.webgrrls.de).

Auch dank Social Media ist Networking salonfähig geworden. Im Netz kennt schließlich jeder jede um ein paar Ecken. Man erstellt sich ein Onlineprofil, knüpft Freundschaften und los geht's! Über virtuelle »Freundschaften« gewinnen wir Einblick in fremde Kontaktlisten, die wiederum zu neuen (indirekten) Kontakten werden. Innerhalb kürzester Zeit entsteht so ein Netzwerk, das sich permanent vergrößert.

Fragt sich nur, wie tragfähig ein solches Netzwerk eigentlich ist. Denn gutes Netzwerken ist tatsächlich mehr, als sich so oft wie möglich zu »befreunden«. Inzwischen legen auch immer mehr Jugendliche ihre Accounts schon wieder lahm und verbinden sich nur noch mit denen, die tatsächlich FreundInnen sind oder werden sollen! Wie gestaltet man also ein virtuelles, wie ein reales Netzwerk so, dass es einem wirklich nutzt?

Das A und O von Networking: der persönliche Kontakt

Wer nur passives Mitglied in einem Netzwerk ist, kann sich das zwar auf die Visitenkarte schreiben, doch bringen wird es einem so gut wie gar nichts. Entscheidend ist nämlich, ein *aktives* Mitglied zu werden und das Netzwerk mitzugestalten. Dazu gehört nicht nur, das eigene Profil immer auf den aktuellen Stand zu bringen, an den virtuellen Gesprächsforen teilzunehmen, Interessantes zu posten, zu kommentieren und Stellung zu beziehen, sondern auch E-Mails zu beantworten und bei den realen (!) Netzwerktreffen regelmäßig in Erscheinung zu treten. Denn das ist das Absurde an der virtuellen Realität: Obwohl sie uns etwas anderes suggeriert, ersetzt sie doch niemals den persönlichen Vis-à-vis-Kontakt!

Warum das so ist, ist schnell verstanden: Würden Sie jemanden weiterempfehlen, den Sie nicht persönlich kennen? Wohl kaum. Da aber gerade dieses Empfehlungsmarketing einer der wichtigsten Effekte von Netzwerken ist, geht es darum, die Menschen in dem Netzwerk gezielt kennenzulernen. Wer etwas über Sie erzählen soll – möglichst charmant und mit einer persönlichen Note – muss schließlich etwas von Ihnen wissen, das über Ihr Onlineprofil hinausgeht. Dafür ist das persönliche Gespräch in informeller Atmosphäre unerlässlich. Männer netzwerken daher gerne beim Golfen, bei Clubabenden oder auf der Jagd.

Um die Aufmerksamkeit im Netzwerk und den Wunsch bei anderen Mitgliedern nach einem Kennenlernen zu wecken, sollten Ihre Webseite, Ihr Netzwerkprofil oder Ihr Angebot möglichst interessant, attraktiv und vielversprechend daherkommen.

Im Idealfall sollten Sie Ihre Wunschzielgruppe unmittelbar ansprechen! Überlegen Sie sich also genau, was Sie alles zu bieten haben, was Sie können und was Sie besonders »anziehend« macht. Sollte Ihnen dazu kaum etwas einfallen, so lesen Sie doch (noch) mal in das Kapitel »Mein wertvollster Schatz bin ich« (Kapitel 1) hinein und/oder üben Sie den »Elevator-Pitch«. Der funktioniert auch für Netzwerktreffen.

Investieren und profitieren

Eigentlich müsste das System »Netz« jedermann sofort einleuchten: Damit es stabil und tragfähig ist, braucht es sichere, gleichmäßig verteilte Knoten, die es zusammenhalten. Es sollte waagerecht hängen, keine größeren Löcher haben und dabei weder zu straff noch zu schlaff gespannt sein. Insgesamt gilt: Je elastischer und flexibler es geknüpft ist, desto belastbarer wird es.

Genau diese Prinzipien gelten auch fürs Networking. Ausgewogenheit, ein Gleichgewicht von Geben und Nehmen sind der Schlüssel für stabile Konstruktionen, die auch langfristig tragfähig sind. Das geschieht nicht von selbst, sondern erfordert von allen Mitgliedern die Bereitschaft, Zeit und Energie zu investieren.

So knüpfen und pflegen Sie ein stabiles Netzwerk:

- andere aktiv ansprechen
- andere sinnvoll miteinander vernetzen
- auf Veranstaltungen hinweisen oder dazu einzuladen
- Menschen empfehlen, von denen wir etwas halten
- wissen, was die anderen NetzwerkerInnen können und was deren Portfolio zu bieten hat
- wissen, wie die anderen menschlich »ticken«
- Fragen aus dem Netzwerk beantworten
- nützliche Tipps geben
- das eigene Know-how einbringen

- Ideen und Projekte für das Netzwerk entwerfen, vorantreiben, aktiv begleiten
- sich offen und ehrlich austauschen
- wohlwollendes, reflektiertes Feedback geben

Wenn Sie eben bei allen Punkten zustimmend genickt haben, sind Sie bereits eine richtig gute Networkerin. Herzlichen Glückwunsch! Andernfalls haben Sie jetzt aber auf jeden Fall eine Vorstellung davon, wie es geht – und ahnen, dass eine Haltung, wie im Folgenden beschrieben, Sie bestimmt nicht weiterbringt:

In einem Club von Journalistinnen war eine neue Kollegin als Gast dabei. Auf die Frage, warum sie sich gerade dieses Netzwerk ausgesucht hat, antwortete sie frank und frei: »Na, ich will Jobs über euch bekommen, deswegen bin ich hier, und das ist ja wohl auch klar.«

Nein, ist es nicht. Wer in ein Netzwerk aufgenommen werden will, sollte unbedingt die alte Networking-Regel »First give, than take!« beherrschen.

Ihr Engagement könnte allerdings für Menschen von Interesse sein, die verantwortungsvolle Positionen in Unternehmen innehaben und ebenfalls in diesem Netzwerk aktiv sind. Unter Umständen werden Sie als eine Person wahrgenommen, die richtig gute Lösungen parat hat, Standpunkte bezieht, sich einsetzt und Zeit für Netzwerkprojekte investiert. Damit bringen Sie sich möglicherweise auch als Mitarbeiterin oder Freelancerin ins Gespräch – und zwar ohne offizielle Bewerbung. Oder Sie werden weiterempfohlen, weil Sie sich im Netz als pragmatische und lösungsorientierte Beraterin präsentiert haben. Man fragt Ihre Dienstleistung an, interessiert sich für Ihre Angebote. Es kann sich also durchaus lohnen, der Netzwerkpflege regelmäßig seine Aufmerksamkeit zu schenken …

Geduldig wie die Spinne im Netz

Vermutlich haben Sie auch schon einmal bewundernd beobachtet, wie zielsicher eine Spinne ihr ebenso kunstvolles wie stabiles Netz spinnt, um dann geduldig so lange zu warten, bis ein Insekt sich darin verfängt. Nun sollen Sie Ihre Netzwerkkontakte natürlich nicht wie die Spinne jagen und fressen, aber das Bild der beharrlichen Netzwerkerin passt: Ohne diese Tugend funktioniert Networking nämlich nicht; zuweilen braucht es einen langen Atem, bis der Erfolg sich einstellt.

Offene Kommunikation, echtes Interesse, regelmäßiger Austausch, Kontinuität und letztlich auch Vertrauen und Nähe sind in Netzwerken die Basis eines guten Miteinanders. Dafür muss man – wie in jeder anderen zwischenmenschlichen Beziehung auch – in Vorleistung gehen. Insofern erkennt man auch recht schnell die vermeintlichen Networker, die im Grunde ihres Herzens gar nicht wirklich networken wollen: »Das bringt mir doch gar nichts«, »In dem Netzwerk tut sich irgendwie nichts«, »Ich lerne da einfach niemand kennen, der sich für mich einsetzt«.

Hinter solchen Aussagen stehen in der Regel mangelnde Bereitschaft und Ungeduld, also der perfekte Nährboden für Frust und Langeweile.

Die Networking-Kür: Mentoring

Mentoring-Programme, die auch von vielen Netzwerken angeboten werden, sind eine gute Möglichkeit, mit erfahrenen Menschen in Kontakt zu treten, um offen, direkt und ausführlich über wichtige Karrierefragen und -schritte zu sprechen – und von den Erfahrungen der MentorInnen zu lernen. Mentoring ist aber keine Karrierebörse. Mentoring ist ein »Austauschprogramm«, bei dem beide Seiten profitieren:

Die Mentees gewinnen Einblicke in unterschiedliche Karrierewege, MentorInnen kommen ins Gespräch mit jüngeren Talenten.

Der Begriff »Mentoring« geht auf die altgriechische Mythologie zurück. In Homers Versepos *Odyssee* wird Mentor, ein griechischer Gebildeter und enger Freund des Helden, von diesem gebeten, sich während seiner Abwesenheit um seinen Sohn Telemachos zu kümmern. Als Erzieher, Hauslehrer, Beschützer und Vaterersatz soll er Telemachos ein Vorbild sein und ihn auf die Rolle des späteren Königs von Ithaka vorbereiten. Die Beziehung zwischen Mentor und Telemachos ist durch Zuneigung, Achtung, Vertrauen und gegenseitigen Respekt geprägt. MentorIn steht somit für einen geachteten und gebildeten Menschen, der bereit ist, einen jüngeren an seinem Wissen und Erfahrungsschatz teilhaben zu lassen.

Von anderen Menschen zu lernen ist eine wunderbare, weil bereichernde Erfahrung, die Sie nicht verpassen sollten. Vorbilder und MentorInnen helfen uns, die eigenen Kompetenzen und Fähigkeiten zu orten. Es handelt sich dabei um das vergnüglichste Lernen, das es gibt.

Je aktiver, desto mehr Geld!

Das klingt ziemlich provokant? Ist aber wahr! Laut einer Forsa-Studie von 2009[27] besteht ein signifikanter Zusammenhang zwischen Netzwerkaktivitäten und Karriere. Je häufiger und aktiver Berufstätige sich in beruflichen Netzwerken engagieren, desto mehr Geld verdienen sie. Demnach sind knapp 20 Prozent aller Führungskräfte bereits online vernetzt, wobei die 30- bis 39-Jährigen am aktivsten sind. Ältere Generationen bevorzugen häufiger klassische (reale) Netzwerke wie Branchenvereinigungen und berufsübergreifende Service-Clubs, zum Beispiel Rotary, Lions, Round Table und Soroptimist. Insbesondere die Service-Clubs, die sich konstituiert haben, um gesellschaftlich relevante Projekte auf den Weg zu bringen, sind eine großartige Möglichkeit, um branchenübergreifend zu netzwerken. Hier kann man Menschen sehr persönlich kennenlernen, mit denen man sonst vermutlich nie in Kontakt gekommen wäre! Deshalb unsere Empfehlung an alle angehenden Pippilottas: Traut euch: Sucht auch gezielt den Kontakt zu solchen Netzwerken, denn dadurch erweitert ihr euren Horizont enorm.

Viele Clubs, Initiativen und Vereinigungen treffen sich übrigens nicht nur abends, sondern regelmäßig auch zum Business-Lunch. Im Berufsleben ist das die zeitsparendste Methode, um in Kontakt zu bleiben. Man verbindet das Angenehme mit dem Nützlichen, kommt in lockerer Atmosphäre ins Gespräch und stillt dabei ein Grundbedürfnis. Schließlich muss Networking vielfältig nähren und Spaß machen! Tut es das nicht, sollten Sie Ihr Netzwerk noch einmal überdenken – vielleicht sind Sie ja einfach nur in falscher Gesellschaft. Pippi Langstrumpf jedenfalls würde dann sicher schnell Tschüs sagen. Hoch zu Pferd, mit einem strahlenden Lächeln und verkehrt herum sitzend.

9

Keine Angst vor Schiffbruch, Haien und Banditen: Souverän mit Alphatieren, Stuhlsägern und Ideendieben umgehen

Unangenehmes mögen wir nicht – weder im Privaten noch im Berufsleben. Wir vermeiden alles, was irgendwie nach Konflikt oder Ärger riecht, weil wir auf Harmonie gepolt sind. Das ist auch durchaus legitim, aber leider nicht immer zielführend. Gerade im Job kommt es darauf an, mit Fehlern umgehen zu können, Konkurrenten, Neider und Ideendiebe zu erkennen und Alphatieren gekonnt die Stirn zu bieten. Deshalb haben wir für Sie das geeignete Rüstzeug zusammengestellt – denn der nächste Hai oder Bandit kommt bestimmt!

»›Wenn man Schiffbruch erleiden will, muss man zuerst für ein Boot sorgen‹«[28], bringt es Pippi Langstrumpf auf den Punkt – und liefert uns damit die ideale Vorlage, um Ihnen etwas über den Umgang mit Fehlern zu erzählen. Denn genau genommen verbirgt sich dahinter ein ähnliches Prinzip: Es passiert etwas Unangenehmes (das Schiff sinkt oder man macht einen blöden Fehler) – doch wer vorgesorgt hat, wird die Situation souverän meistern. So können Fehler sogar zu einer echten Bereicherung werden. Wie saure Drops: Sauer macht lustig, allerdings erst, wenn man den Drops gelutscht hat.

Pippilotta regt uns dazu an, mit Spaß und Neugier an Aufgaben zu gehen – und Erfolge ebenso wie Fehler und Schwachstellen zu umarmen. Das ist nicht immer leicht. Vor allem wir Deutschen haben nicht unbedingt das, was man eine Fehlerkultur nennt. Oder wurden Sie so erzogen, dass ein Fehler oder eine falsche Einschätzung nichts anderes ist als eine Gelegenheit, den Lösungsweg zu überprüfen und gegebenenfalls nachzujustieren?

Wir benötigen Fehler, um weiterzukommen. Etwas »in den Sand zu setzen«, »nicht gebacken zu kriegen« oder »mit Bruchstellen gefertigt zu haben« ist ein absolut kreativer Prozess. Nie sind Menschen konzentrierter als in dem Moment, in dem sie realisieren, dass »etwas in die Hose geht«. Fieberhaft wird nach der Ursache gesucht und dann mit umso größerem Jubel die Lösung gefeiert.

Das Problem: Frauen haben den Umgang mit kleinen und großen Schiffbrüchen erst recht nicht gelernt. Umso besser, dass wir Pippi haben, die unumwunden zugibt: *»›Naja, mehr oder weniger schiffbrüchig bin ich viele Male gewesen.‹«*[29] Hören Sie da auch ein bisschen Stolz zwischen den Zeilen mitschwingen? Offenbar ist der kleinen Schwedin eines klar: Egal ob Unwetter oder Leck im Bug … wenn man den Überblick behält und Abenteuer mag, kommt man notfalls auch auf wenigen Holzplanken weiter. Wer weiß, womöglich führt der Schiffbruch sogar zu einem neuen Boot, das sicherer ist, als das alte jemals war.

Diese Gelassenheit bringt voran. Bremsend hingegen wirkt es, eigene Schwachstellen verschämt vertuschen zu wollen und sich permanent mit dem Versuch aufzuhalten, Fehler zu vermeiden. Eine Blockade entsteht nämlich meist aufgrund von Vermeidungsstrategien und sicher nicht aufgrund reflektierter Fehlversuche.

Sie haben einen Fehler hingelegt?

- Nicht zerknirscht sein.
- Schieben Sie den Fehler niemand anderem in die Schuhe.
- Nicht lange drum herumreden.
- Legen Sie mit den Fehlern möglichst auch erste Lösungsstrategien auf den Tisch.
- Erklären Sie keine Hintergründe, zeigen Sie lieber auf, wie Sie solche Fehler in Zukunft vermeiden möchten.
- Versuchen Sie, den Schaden zu begrenzen; und vermeiden Sie dramatische Beschreibungen.
- Zeigen Sie nicht auf, was *nicht* geht, sondern das, was geht.

Fehler machen nicht einsam und katapultieren einen auch nicht ins Abseits. Im Gegenteil: Die kleinen Fehler sind kostbar, weil sie uns unsere Schwachstellen vor Augen führen. Insofern sollten wir sehr sorgsam damit umgehen.

Fehler machen uns zu Expertinnen im eigenen Tun.

Wenn wir Fehler annehmen, statt sie beiseitezuschieben, durchdenken wir Abläufe neu, wodurch wiederum oft neue Lösungswege entstehen.

Doch nicht nur für die Ursachensuche brauchen wir Courage. Zuversicht und Beherztheit sind auch nötig, um eine Aufgabe loszulassen, obwohl die Lösung noch nicht gefunden wurde. Menschen, die in der Forschung arbeiten, kennen diese Herausforderung ziemlich genau.

Erkennen Sie rechtzeitig, ob es sich noch lohnt, die Fehlerursache zu finden. Oder ist ein Neustart womöglich die bessere Variante? Wir sollten keine Zeit für ein Ergebnis verschwenden, das niemanden weiterbringt und niemand braucht – und uns nur kostbare Energie kostet.

Was Sie tun können, wenn das Boot gekentert ist:

- Sie haben Schiffbruch erlitten? Richten Sie sich auf und begutachten Sie, was an Brettern übrig ist. Kann man daraus ein neues Boot zimmern? Sind die Bretter vielleicht zu etwas anderem nutze? Für ein Floß oder für ein Haus?

- Selbstbeschimpfungen und -bestrafungen sind völlig überflüssig, weil sie bloß hemmen und der Kreativität im Wege stehen.

- Improvisieren Sie.

- Den Anker lösen. Denn solange Sie an dem festhängen, was war, kommen Sie nicht weiter.

- Überprüfen Sie den Kompass. Ist er funktionstüchtig? Führt er in die richtige Richtung? Oder zeigt er schon länger an, dass Sie Neuland, also möglicherweise einen neuen beruflichen Weg, übersehen haben?

- Tauschen Sie sich mit anderen Seefrauen und Piratinnen aus. Gibt es Best-Practice-Beispiele, die auf Ihre Situation passen?

- Können Sie sich mit anderen zusammentun?

Aus Fehlern ergeben sich sehr viele Möglichkeiten – vorausgesetzt, wir betrachten den Fehler als Tor zu neuen Optionen und als kreativen Input. »Schiff ahoi!«, ruft Ihnen Pippilotta zu, die niemals stehen bleibt und immer ein keckes Lied auf den Lippen hat. Schließlich ist es nirgendwo so schön aufregend wie in der Ferne, wo wir noch etwas entwickeln, erbauen und entdecken können.

Das haben die wenigsten Frauen bislang verinnerlicht – zumindest im Berufsleben. Männer hingegen preschen abenteuerlustig voran, vor allem wenn sie das Ass schon im Ärmel haben. Da drängt sich bisweilen der Verdacht auf, dass der gesamte »Ups, ich habe einen Fehler gemacht, aber glücklicherweise schon eine Lösung parat«-Auftritt inszeniert ist, um die eigene Kreativität und Flexibilität unter Beweis zu stellen. Frauen tendieren in der Regel dazu, Fehler möglichst zu vermeiden, überlegen deshalb oft viel zu lange und diskutieren lieber noch eine Gesprächsrunde mehr als eine zu wenig. Sie befürchten, dass sie sich blamieren und aufs Abstellgleis manövrieren könnten. Häufig hocken ihnen strenge Übermütter und Überväter im Nacken, die sofort kommentieren:

»Das war klar, dass du das nicht hinbekommst.«

»Da bekommst du einmal eine Chance, und du musst sie gleich versemmeln.«

»War das nicht absehbar?«

»Du hast dich wieder mal nicht richtig konzentiert!«

»So wird das nie was mit der Karriere, du Pappnase!«

Kennen Sie solche inneren Stimmen, die demotivieren, klein und verzagt machen? Diese inneren Stimmen und Blockaden zu realisieren ist ein erster wichtiger Schritt, um mit Fehlern in Zukunft kreativer umzugehen.

Wer Haie gut kennt, kann mit ihnen schwimmen!

Aus Dokumentationen über Haie und andere wilde Tiere wissen wir, dass es möglich ist, sich in Gesellschaft von Furcht einflößenden Arten zu bewegen, wenn man ihre typischen Verhaltensweisen zuvor erforscht hat. Der Hai steht dabei stellvertretend für eine Spezies, mit der Sie als berustätige Frau garantiert irgendwann aneinandergeraten: das notorische Alphatier. Es ist meist männlich, bläst sich gerne auf, hält eher wenig vom arbeitenden weiblichen Geschlecht – und wenn ja, dann bitte nur in dienender Funktion.

Auch Pippi Langstrumpf begegnet einem solchen Alphatier:

»›Sie?‹, sagte der feine Herr zufrieden. ›Einer Sie gehört das elende Haus? Umso besser. Weibsleute verstehen ja nichts von Geschäften.‹«[30]

Pech für den feinen Herrn, dass er diese Worte zu Pippi sagt, die natürlich nicht gewillt ist, ihre Villa Kunterbunt zu verkaufen. Da der Herr jedoch wie die meisten Vertreter seiner Spezies weder aufmerksam zuhört noch sein Gegenüber ernst nimmt, weil es weiblich und somit in seinen Augen per se geschäftsuntüchtig ist, geht die Geschichte selbstverständlich schlecht für ihn aus: Pippis Kraft und große Klappe bringen ihn derart aus dem Konzept, dass er kleinlaut von dannen zieht. Leider lassen sich notorische Alphatiere nicht immer so schnell identifizieren und einschüchtern. Wir möchten Ihnen aber dabei helfen, diese Spezies in Ihrem Umfeld ausfindig zu machen, und Ihnen ein paar Tipps an die Hand geben, wie Sie am besten mit ihnen umgehen. Denn nur wenn es Ihnen gelingt, an diesem Alphatier vorbeizukommen und eine strategische Allianz mit ihm einzugehen, wird Ihre Karriere weitergehen.

Daran erkennen Sie notorische Alphatiere

Praktischerweise lieben es die meisten notorischen Alphatiere, sich selbst zu inszenieren.

- Sie sind häufig laut in Stimme und Verhalten, raumgreifend im Auftritt, bevorzugen ausladende Gesten.
- Sie wirken extrem durchsetzungsstark und selbstsicher.
- Bei jedem Erfolg feiern sie sich selbst – unüberhörbar für jeden.
- Sie geben gerne den Ton an und übernehmen praktisch überall, auch ungefragt, Leitung und Führung.
- Sie erwarten selbstverständlich, dass alle anderen ihnen folgen.
- Bei Ärger, Stress oder Misserfolg werden sie garstig, sie suchen die Fehler bei anderen und reagieren ungerecht.
- Sie lieben Statussymbole und Machtgehabe.
- Wenn andere einen Fehler machen, brüllen sie los und schinden damit mächtig Eindruck oder schüchtern ein.
- Sie brauchen permanent Anerkennung und Beifall.
- Sie setzen sich fast immer durch.

Die wichtigste Erkenntnis vorab: Notorische Alphatiere sind nicht per se schlecht oder lästig! Denn sie besitzen durchaus Qualitäten, von denen man lernen oder (das ist ab und zu der cleverste Weg) die man nutzen kann.

Hier ein paar Beispiele:

- Sie werden von einem Kunden immer wieder sehr frech behandelt und erzählen dem Alphatier davon. Beim nächsten Mal übernimmt garantiert das Alphatier das Kundengespräch selbst – und danach ist der Kunde zahm.

- Sie haben eine gute Idee für eine sinnvollere Arbeitsteilung in Ihrem Team, trauen sich jedoch nicht, es anzubringen? Das Alphatier setzt Ihre Vorstellungen sicher ganz schnell durch, wenn Sie es überzeugt haben.

- Sie haben in Ihrem Team einen erfolgreichen Abschluss hinbekommen? Das Alphatier feiert das zwar als seinen eigenen Erfolg – lässt Sie aber gerne und lange mitfeiern.

Auch die Alphatier-Münze hat also zwei Seiten. Darum ist es auch gar nicht so schwer, mit Alphatieren im (Berufs-)Alltag umzugehen. Man kann sie zähmen – vorausgesetzt, sie merken es nicht!

Füttern Sie Ihren Hai handzahm!

Die wichtigsten Regeln zuerst: Lassen Sie sich niemals von einem notorischen Alphatier einschüchtern! Den Großteil seines Auftritts verwendet es nämlich auf diese Strategie, um danach seine Interessen durchzusetzen. Spielen Sie dieses Spiel mit, haben Sie keine Chance mehr. Lassen Sie das Alphatier dabei jedoch ins Leere laufen, ist eine Menge seiner Energie verpufft und es wird geradezu handzahm. Wie ein Gepard auf der Jagd ist das Alphatier zunächst beeindruckend flott unterwegs, aber leider nur wenige Minuten. Danach sind Gepard wie Alphatier dermaßen ausgepowert, dass erst einmal keine Gefahr mehr droht.

First-Aid bei Alphatier-Alarm:

1. Drohgebärden und Einschüchterungsversuche richtig deuten!

Auch wenn das Alphatier noch so laut und imposant daherkommt – versuchen Sie, hinter seine Maske zu schauen. Steht das Alphatier vielleicht massiv unter Druck? Zweifelt vielleicht jemand seine Macht oder Kompetenz an? Hat es Angst oder Sorgen? Halten Sie dabei unbedingt seinem Blick stand. Üben Sie das Pokerface notfalls daheim vor dem Spiegel, und nehmen Sie etwas in die Hände, woran Sie sich »festhalten« können. Oft gilt: Je lauter das Tier, desto größer dessen eigene Angst!

2. Immer auf der Sachebene bleiben und niemals emotional reagieren!

Das Alphatier wird nicht nur laut, sondern geradezu unverschämt und greift Sie persönlich an? Bleiben Sie trotzdem sachlich. Halten Sie Ihre Emotionen zurück. Lassen Sie sich nicht aus der Reserve locken, sondern bleiben Sie ruhig, so schwer es Ihnen auch fallen mag. Denn Emotionen deutet das Alphatier als Schwäche, und Schwächen sind für es ein rotes Tuch! Reden Sie immer in klaren, knappen Sätzen – und stehen Sie gegebenenfalls zu Ihrem Fehler. Wenn Sie dabei noch einen Plan aus der Taschie ziehen, wie Sie die Kuh wieder vom Eis bekommen, ist auch ein Alphatier beeindruckt. Und sollte es sich in diesem Moment gar nicht beruhigen, warten Sie einfach einige Zeit ab. Sie wissen ja, der Gepard ...

3. Loben, anerkennen, mitfreuen und um Rat fragen!

Nur wenige Menschen gehen aktiv auf Alphatiere zu. Deshalb müssen sie ja auch immer um alles so lautstark buhlen. Was diese Spezies wirklich freut: ernst gemeintes Lob, verdiente Anerkennung und vor allem Mitfreude über berufliche Erfolge. Zeigen Sie Ihre Loyalität, und Sie werden staunen, wie nett das Alphatier sein kann. Das erlebt es nämlich selten. Und wenn Sie es außerdem in einer Angelegenheit sachlich und aufrichtig um Rat fragen, weil sein Know-how Sie weiterbringen könnte, fühlt es sich geradezu gekrault. Das zähmt den wildesten Tiger!

4. Von anderen Alphatieren schwärmen, wenn es fies wird!

Konkurrenz ist die Achillesferse des Alphatiers! Damit haben Sie ein Ass im Ärmel, das Sie aber nur ziehen sollten, wenn auch Ihr Gegenüber zu unlauteren Methoden greift. In der Regel sind das chauvinistische Bemerkungen, die Sie als Frau abwerten und Ihre Kompetenz aufgrund Ihres weiblichen Geschlechts in Abrede stellen. Das ist unfair, ärgerlich – und für Sie der Startschuss zum Gegenangriff: Schwärmen Sie – völlig sachlich! – von einem persönlichen Kontrahenten des Alphatiers. Erzählen Sie ruhig und knapp, in welcher Hinsicht dieses andere Alphatier gut arbeitet, ein toller Kollege oder Chef ist oder was ihm vor Kurzem Besonderes gelungen ist. Sie werden sehen: Zunächst wird »Ihr« Alphatier noch versuchen, den anderen schlechtzureden. Bleiben Sie allerdings unbeirrt und cool, wird es ganz schnell das Thema wechseln.

5. Wichtige Themen nie unter vier Augen besprechen!

Alphatiere handeln oft impulsiv – und behaupten vielleicht schon morgen etwas anderes als eben im persönlichen Gespräch. Sie wissen schließlich um ihre Macht und erleben es nur selten, dass Menschen in der Lage sind oder sich trauen, sie zu hinterfragen. Für wichtige Gespräche wie Karrierplanung und Gehaltsverhandlungen gilt daher: Immer jemanden dabeihaben – und sei es nur der beste Freund, der sich als Karriere-Coach ausgibt!

Und wenn nichts davon klappt? Werden Sie deutlich: Wechseln Sie auf eine Ebene, die dem Alphatier fremd ist. Das könnte eine für das Alphatier ungewohnte Situation sein (zum Beispiel: Niemand ist seiner Meinung und alle legen ihr Veto ein) oder ein Thema, bei dem es fachlich nicht mithalten kann (und Sie machen ihm das vor Publikum klar). Auch Pippi wählt diese Taktik, als noch so gutes Zureden bei einem angriffslustigen Hai nicht hilft:

»Aber in dem Augenblick ergriff Pippi mit beiden Händen das blutrünstige Biest und hob es aus dem Wasser.

›Schämst du dich nicht?‹, fragte sie. Der Hai schaute sich erstaunt um. Er fühlte sich unbehaglich. Er konnte ja nicht richtig atmen, so hoch oben in der Luft.

›Versprich mir, dass du das nie wieder tust! Dann lasse ich dich los‹, sagte Pippi ernst. Und dann warf sie den Hai mit voller Kraft weit ins Meer hinaus. Er hatte es sehr eilig, davonzuschwimmen …«[31]

Souverän mit Banditen und Räubern spielen

Wir kennen sie alle: KollegInnen oder Vorgesetzte, die sich gerne und immer wieder mit den Federn anderer schmücken, um daraus Vorteile für sich zu ziehen oder Lob einzuheimsen. Passiert uns so etwas zum ersten Mal, sind wir meist unvorbereitet und wissen nicht, wie wir adäquat reagieren können. Den Dieb vor der versammelten Mannschaft zur Rede stellen? Das wird vor allem dann problematisch, wenn es sich um Vorgesetzte handelt. Auch ist die Beweislage oftmals schwierig, was unsere Position schwächt. Außerdem ist nicht immer sofort klar, ob wir es wirklich mit bewusstem Ideenklau oder zufälliger gedanklicher Übereinstimmung zu tun haben.

Als Pippi Langstrumpf von zwei Landstreichern besucht wird, die es auf ihren Goldkoffer abgesehen haben, merkt auch sie zunächst nicht, worum es eigentlich geht. Sie ist freundlich zu ihnen und auch nicht ängstlich, da sie um ihre eigene Stärke weiß. Und als ihr die beiden Kerle irgendwann lästig werden, ergreift sie die Initiative:

»›Kann einer von euch Schottisch tanzen?‹

›Tja‹, sagte Donner-Karlsson, ›ich denke, das können wir beide.‹

›Oh prima!‹, sagte Pippi und klatschte in die Hände. ›Können wir nicht ein bisschen tanzen? Ich habe es mir eben beigebracht, müsst ihr wissen.‹«[32]

Und natürlich machen die beiden mit: Unter Pippis Anleitung tanzen sie bis drei Uhr nachts.

Nun hilft Ihnen das Tanzen wenig, um sich gegen Ideenklau im Beruf zur Wehr zu setzen, doch ein paar Kniffe gibt es eben doch ...

1. Vermeiden Sie die Opferrolle!

Opfer neigen dazu, zu jammern und zu lamentieren – und das nervt die meisten Mitmenschen. Auch wenn Sie recht haben: Beklagen Sie sich nicht flächendeckend bei Ihren KollegInnen. Schlucken Sie Ihren Ärger lieber herunter, lernen Sie daraus und beginnen Sie zu handeln.

2. Analysieren Sie Ihre Situation ganz genau!

Nehmen Sie sich ein wenig Zeit. Überlegen Sie, was eigentlich genau passiert ist: Ist es vielleicht immer wieder dieselbe Person, die Sie bestiehlt? Oder ist es zum ersten Mal geschehen? Wie konnte es überhaupt dazu kommen? Haben Sie die falsche Person ins Vertrauen gezogen oder einfach zu viel geplaudert? Steckt System dahinter oder ein dummer Zufall?

Erst wenn Sie erkannt haben, was im Hintergrund abgelaufen ist, können Sie sich gegen zukünftige Vorfälle dieser Art wappnen und möglicherweise auch die KollegInnen in Ihrem Team besser einschätzen. Für Ihre weitere Karriere ist das sehr wichtig. Unser Tipp: Verschließen Sie nicht die Augen vor unangenehmen Wahrheiten – und umgehen Sie die altbekannte Harmonie-Falle!

3. Versuchen Sie, Ihr Projekt werbend zu beschreiben, aber ohne dass es für alle anderen im Einzelnen nachvollziehbar ist!

Wenn Sie weder dem Dieb sein Vergehen beweisen noch den Klau in Zukunft ausschließen können, müssen Sie Ihr Verhalten ändern. Der einfachste Trick: Legen Sie Ihre Karten immer erst dann auf den Tisch, wenn es darauf ankommt. Das ist bei Brainstormings zwar weniger kollegial und macht auch nicht so viel Spaß, aber manchmal geht es eben nicht anders.

4. Stehen Sie für alle sichtbar zu Ihren Ideen!

Es klingt banal, ist jedoch eine typische Karrierefalle für Frauen: Im Zweifelsfall vergessen sie, »ich« zu sagen, weil sie um der lieben Karrierebremse Harmonie willen oft ein »wir« formulieren. Gewöhnen Sie sich an, häufiger Sätze zu sagen wie »Meine Idee ist es …«, »Ich habe recherchiert, dass …«, »Ich bin davon überzeugt, dass wir …« – und beziehen Sie damit klar Position. Das wirkt stark und führungsorientiert. Wer weiß, vielleicht hört Ihnen ja jemand zu, der Sie beruflich fördern kann. Und wenn Ihre Idee mal danebenliegt? Kein Problem, das ist eben der Preis, den erfolgreiche Menschen manchmal zahlen. Beim nächsten Mal klappt es wieder besser!

5. Sprechen Sie mit dem Dieb!

Manchmal ist es die einfachste Lösung: Suchen Sie das persönliche Gespräch unter vier Augen. Möglicherweise ist es dem Übeltäter gar nicht bewusst, dass er sich mit Ihren Federn geschmückt hat. Sollte jedoch kein Schuldbewusstsein aufkommen und sich nichts ändern, dann müssen Sie eben andere Seiten aufziehen.

Eines aber sollten Sie sich in jedem Fall klarmachen: Gehört der Ideenklau zum Alltag an Ihrem Arbeitsplatz? Dann hat das auch etwas mit der Unternehmenskultur zu tun. Vielleicht sind Sie mit Ihrem Know-how und Ihrer Kreativität tatsächlich am falschen Ort. Denken Sie darüber nach.

Dem Stuhlsäger entspannt die Zähne zeigen

Ganz gleich ob in flachen oder steilen Hierarchien, in Partnerschaften oder in Teams – es gibt sie überall, die Stuhlsäger. Mit ihrem nahezu lautlosen Werkzeug arbeiten sie tagein, tagaus daran, Ihnen zu schaden, um dann irgendwann Ihren Platz einzunehmen. Dabei spielt es keine Rolle, ob diese Rabauken überhaupt für den Job qualifiziert sind. Nein, der Stuhlsäger an sich ist neidisch, missgünstig und misstrauisch – und geht daher den verborgenen Weg. Damit Sie nun nicht irgendwann völlig überraschend mit Ihrem Bürostuhl umkippen, verraten wir Ihnen, woran Sie die lauernde Gefahr erkennen und wie Sie am besten gegensteuern.

Unauffällig ist verdächtig

Stuhlsäger arbeiten stets im Verborgenen. Dabei sind sie perfekt getarnt: als besonders kollegial, kooperativ oder zeigen sich sogar an Ihnen persönlich interessiert. Es gibt sie in männlich und weiblich; und sie sind geradezu darauf konditioniert, irgendwann eine Schwäche von Ihnen auszunutzen. Das kann eine Indiskretion sein, die plötzlich verbreitet wird, Ihre längere Krankheit, die der Stuhlsäger zu seinem Vorteil nutzt, oder eine nicht machbare Idee, die Sie unvorsichtigerweise in einem Meeting äußern. Dann schlägt er oder sie zu: gnadenlos und voller Härte. Und häufig schließen sich andere an, um sich selbst auch noch schnell in Position zu bringen. Das ist nicht lustig.

Pippi beugt vor, indem sie wachsam bleibt. Das hilft ihr auch, völlig stressfrei ihren Goldkoffer zu verteidigen, als die beiden Landstreicher Donner-Karlsson und Blom bei ihr einbrechen:

»Donner-Karlsson öffnete die Tür und schaute vorsichtig hinein. Es war ruhig und still. (...) Sie schlichen hinein.

›Das muss das Mädchen sein‹, flüsterte Donner-Karlsson Blom zu. ›Und sie schläft sicher fest. Aber wo mag Nilsson sein?‹

›Herr Nilsson, wenn ich bitten darf‹, hörte man Pippis ruhige Stimme unter der Decke. ›Herr Nilsson liegt in dem kleinen grünen Puppenbett.‹

Die Landstreicher erschraken so, dass sie nahe daran waren, sofort wieder hinauszulaufen.«[33]

Wachsamkeit lautet also das oberste Gebot, denn es kann Sie überall und jederzeit treffen. Unser Tipp: Beugen Sie dem Stuhlsäger so gut es geht vor und geraten Sie nicht in Panik, wenn Sie ahnen oder gar wissen, wer dahintersteckt. Handeln Sie souverän.

Das macht die Säge stumpf:

- Beliebtheit. Wenn Ihre KollegInnen Sie schätzen und mögen, stehen sie Ihnen im Zweifelsfall zur Seite.
- Eigene Erfolge. Es ist praktisch unmöglich, eine erfolgreiche Powerfrau zu demontieren.
- Zuwendung. Tatsächlich ist mangelnde Aufmerksamkeit der häufigste Motor von fiesen Sägen.
- Keine Angst zeigen. Auch in der Konfrontation nicht. Demonstrieren Sie Ihre Stärke und Position.
- Ablenken. Lenken Sie die Aufmerksamkeit einfach auf ein Ihnen vermeintlich wichtiges Thema, während Sie in aller Ruhe Ihre wahren Ziele verfolgen.
- Öffentlichkeit suchen. Mit der Konfrontation vor Publikum kann der intrigante Stuhlsäger nicht umgehen und knickt ein.
- Verhalten ändern. Da diese Typen glauben, Ihr Handeln berechnen zu können, wirken spontane Kurswechsel irritierend.

- Privates von Beruflichem strikt trennen. So können nicht irgendwann Details aus Ihrem Privatleben gegen Sie verwendet werden.

- Vorsicht bei zu viel Freundlichkeit. Sie wirkt aufgesetzt, also nicht mehr authentisch. Vertrauen Sie Ihrem Instinkt.

Als Pippilotta brauchen Sie sich nicht zu fürchten: Ein Schiffbruch ist für Sie noch lange kein Untergang, Alphatiere können Sie zähmen und mit Räubern und Banditen haben Sie ein leichtes Spiel. Es ist also an der Zeit für Sie, auf große Fahrt zu gehen!

10

Taku-Taku-Land und Karriere

Die tägliche Routine in einem Unternehmen ähnelt leider nur selten dem Leben in einer Villa Kunterbunt. Je nachdem, wie lange man schon auf demselben Platz sitzt, wie das Unternehmen geführt wird und wie es gerade um die Konjunktur bestellt ist, kann sich die anfängliche Euphorie und Neugier im Zusammenhang mit der beruflichen Aufgabe mit den Jahren von einem einst weißen in ein nun schmuddelgraues T-Shirt verwandeln, das zu oft zu heiß und mit dunkler Wäsche gewaschen wurde. Das, was damals wie der Beginn einer strahlenden Karriere aussah, ist inzwischen verbeult, farblos und zu eng. Ideen und Gefühle haben alles Vergnügte, Frühlingsfrische verloren – und immer öfter ertappt man sich dabei, die Vorzüge der unternehmenseigenen Kantine hervorzuheben. Haben Sie sich auch schon mal umgeschaut und dabei den Eindruck gehabt, in einer Art Niemandsland gestrandet zu sein – »Haallooo! Hört mich jemand?« –, obwohl man sich auf den Garten der Villa Kunterbunt eingestellt hatte?

»Was mache ich hier? Wie soll's denn nun weitergehen?«

Jetzt bräuchte es ein bisschen Pippilotta, um sich aus der Lethargie zu befreien. Doch weit und breit ist kein Zopf in Sicht. Stattdessen grüßt das wahre Leben, das mit Durchhängern nicht spart …

Mit dem Job ist es allerdings wie mit einer Liebesbeziehung: Sollen die inspirierenden Schmetterlinge bleiben, muss mit viel Liebe, Motivation und Aufmerksamkeit dafür gesorgt und das Verbindende stets aufs Neue vitalisiert werden. Und wie in der Liebe, so braucht es auch im beruflichen Kontext mindestens zwei Partner dafür: dort das aktive Unternehmen – hier Sie. Wenn Sie also bereits längere Zeit lustlos und motivationsschwach ihre Flügel hängen lassen und einfach kein neuer Fahrtwind aufkommen will, ist das ein deutliches Signal dafür, dass etwas nicht stimmt. Verständlich ist jetzt die Sehnsucht, es gäbe da in der Ferne eine Art Taka-Tuka-Land, das einen wieder glücklicher macht, die eigenen Fähigkeiten pusht und wieder in voller Pracht erstrahlen lässt. Negative Gedanken wie »Das macht hier keinen Sinn mehr«, »Ich steig hier aus« bringen Sie allerdings kein Stück weiter. Auch bei dem Traum von jenem Paradiesunternehmen, in dem alles besser ist und wo man sich von Karriere-

Limonadenbaumfrüchten ernährt, handelt es sich lediglich um eine Möglichkeit, aber leider noch nicht um einen Weg. Also genervt durchatmen, ein Stück Kuchen essen und dabei die Tage bis zum nächsten Urlaub zählen?

Säße Pippilotta mit am Tisch, würde sie vermutlich mit den Augen rollen, denn das Kreisen im Selbstmitleidsrondell dürfte ihr höchst zuwider sein. Beschrieben wir die »Pippilotta-Energie«, so wäre diese zupackend, auf Veränderung drängend. Registrieren, umschauen, einen neuen Weg ausfindig machen ... Die Pippi-Geschichten dienen uns als Metapher, mit deren Hilfe eigene Lösungen und Wege sichtbar werden.

Wenn Sie sich grau und unmotiviert fühlen, muss das nicht gleich bedeuten, dass Sie am völlig falschen Platz sind. Es ist aber ein Zeichen dafür, dass Ihr berufliches Leben augenblicklich stillsteht und Sie unbedingt etwas Frische und neue Farben brauchen.

Es mag manchmal verführerisch sein, alles trotzig hinzuschmeißen ... Doch versuchen Sie erst einmal den Gedanken anzunehmen, dass diese Misere auch ihr Gutes hat. Klingt absurd? Ist es aber nicht. Denn gerade die dürren Zeiten, in denen nichts als schlechte Laune sprießt, sind wie dafür gemacht, sich die Landschaft um einen herum mal wieder genau anzuschauen und zu prüfen, um dann zu überlegen, wie es weitergehen könnte. Das ist das Hoch im Tief, denn Unzufriedenheit motiviert uns, über unsere derzeitige Lage, die Zukunft und den Weg dorthin zu reflektieren. Mit guter Laune hingegen kommt man längst nicht so schnell so weit, weil kaum ein Mensch darüber nachdenkt, wie etwas noch besser werden könnte, wenn er sich bereits richtig super fühlt. Das gilt ebenso für Projekte und Aufgaben, die nicht in unserem Sinne verlaufen. Ein sehr hilfreiches Tool ist in dem Fall die sogenannte Stakeholder-Analyse, die in Unternehmen verwendet wird, wenn es darum geht, ein konkretes Projekt, ein Produkt oder einen Auftrag zu verorten.

Mit Stakeholder sind Personen, Organisationen und Institutionen gemeint, die ein Interesse an einem Projekt, dessen Verlauf und Ausgang haben. Sie werden in irgendeiner Form davon berührt.

Ihr Projekt ist Ihre Karriere. Die Analyse hilft Ihnen also dabei herauszufiltern, wer welche Erwartungen und Befürchtungen daran knüpft, wer mit Widerstand oder Widerspruch reagieren könnte. Im Selbstmanagement ist diese Analyse unentbehrlich, denn Sie sollten Förderer und Skeptiker genau identifizieren können. Zu wissen, wer wie zu Ihnen steht, kann Sie bei der Entscheidung unterstützen, ob es sinnvoll ist, einen Neustart im derzeitigen Unternehmen hinzulegen, oder ob Ihre Zeit hier einfach abgelaufen ist.

Erstellen Sie eine Liste:

- Wer hat Interesse an dem, was Sie tun?
- Wer möchte, dass Sie sich weiterentwickeln?
- Wer fühlt sich durch Sie zurückgedrängt?
- Wer schwimmt mit Ihnen mit und begleitet Ihre Ideen, Vorstellungen oder Projekte positiv?
- Wem nutzt ein bestimmtes Thema, das Sie aufgrund Ihrer Qualifikation oder Kreativität einbringen?
- Wer ist ein Förderer/eine Förderin Ihrer Ideen, Ihrer Karriere?
- Wer übt aus seiner Position heraus Einfluss auf Ihren Karriereweg aus (zum Beispiel Personalrat, Mitarbeitervertretung, Netzwerke)?

Ordnen Sie die genannten Stakeholder ein:

Name – Beziehung zum Projekt – Erwartungen an Sie – Befürchtungen – Ihre Maßnahme/Reaktion

Bewerten Sie die jeweilige Bedeutung!

0 100
Keine Sehr hoch

Versuchen Sie, Cluster zu bilden!

Gehören manche dieser Personen der gleichen Abteilung, demselben Netzwerk, derselben Lenkungsgruppe et cetera an? Sind »Verbündete« zu erkennen, Seilschaften oder ein »Kantinenklüngel«?

Resümee:

- Welche Schlüsse ziehen Sie aus den gesammelten Informationen?
- Mit wem werden Sie sprechen?
- Wen wollen Sie einbinden?
- Welche zusätzlichen Akteure und Akteurinnen sind Ihnen aufgefallen?
- Welche Selbst-PR benötigen Sie – und wie wollen Sie diese platzieren?
- Wo werden Sie Details zu Ihrer Position und anderen Unternehmen recherchieren? Gibt es Verbände, die hilfreich sein könnten?

Bleiben oder gehen?

Pippi ist ein abenteuerlustiges Mädchen, das sich 100-prozentig auf sich selbst verlässt. Dazu befähigt sie ihre innere Stärke, die wir uns bereits in den vorherigen Kapiteln aus unterschiedlichen Perspektiven angeschaut haben: Ein Potpourri von Soft Skills, die man heute unter der Überschrift »Selbstwirksamkeit« versammelt. Pippi kann bedenkenlos mit der Hoppetosse über das Meer ziehen, weil sie die Gabe hat, jeden Hafen zu ihrem zu machen.

Diese Haltung ist auch für Ihre Karriere von Vorteil. Doch ab einem gewissen Punkt müssen Sie sich für ein konkretes »Reiseziel« entscheiden, um anzukommen und dort zu gestalten ... bis Sie vielleicht eines Tages weiterziehen. Ein gewisses Risiko ist dabei mit jeder Reise verbunden – schließlich gibt es Wetterschwankungen Wind, Sturm und Kälte. Niemand kann die Zukunft voraussagen. Wir wissen weder, ob das große Glück im nächsten Unternehmen lauert, noch, ob sich die Verhältnisse im eigenen Unternehmen in Kürze verbessern und sich plötzlich neue Chancen auftun. Deshalb brauchen wir den Überblick ebenso wie Geduld. Im »Genervtsein-Modus« sind diese beiden Zutaten allerdings nur sehr begrenzt vorhanden. Was hilft: Einen Schritt zurücktreten, nichts überstürzen und erst mal den Blick schweifen lassen ...

Verschaffen Sie sich nach der Stakeholder-Analyse noch einen weiteren Überblick – am besten mit einer Mindmap – über den Status quo, über das, was sich daraus ergeben könnte – und was Ihr Anteil an einer neuen Entwicklung wäre.

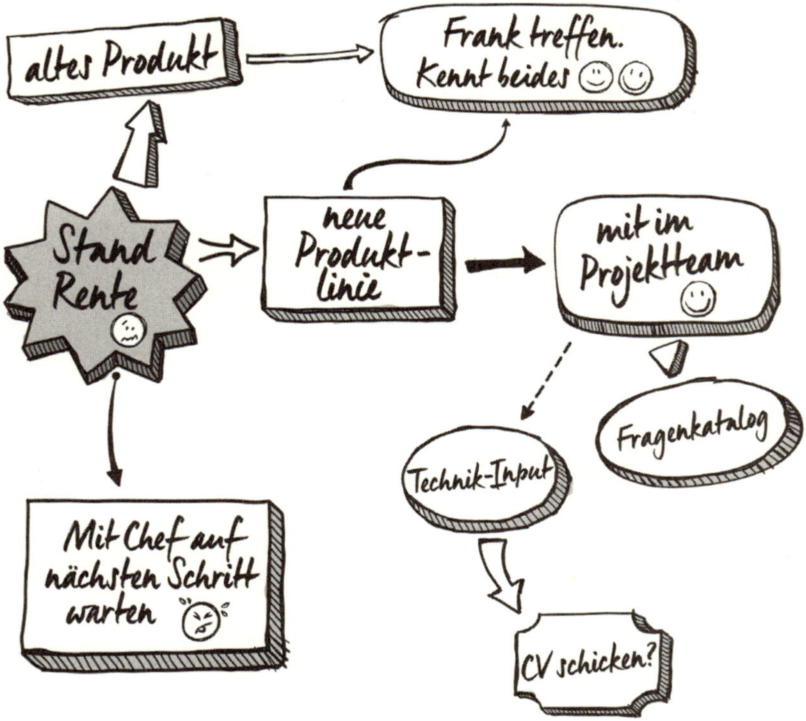

Eine solche Visualisierung erleichtert es, sich am aktuellen Standpunkt zu orientieren. Denn bevor wir uns auf die Suche nach neuen Möglichkeiten und Wegen machen, ist es nützlich, erst einmal das Alte zu betrachten.

Hier einige Fragen, die Sie weiterbringen könnten:

1. Wie lange bin ich schon im Unternehmen?

2. Wie lange mache ich diesen Job inzwischen?

3. Wann habe ich das letzte Mal ein berufliches Projekt gehabt, das meinen Alltag bereicherte und spannend machte?

4. Welche Menschen bauen hier auf mich?

5. Für wen ist es wichtig, dass ich hier arbeite?

6. Arbeite ich meinem Vorgesetzten zu oder entwickle ich selbst?

7. Bin ich eine Frau in der zweiten Reihe? Und wenn ja: Möchte ich dies bleiben?

8. Was könnte schlimmstenfalls passieren, wenn ich gehe?

9. Was könnte schlimmstenfalls passieren, wenn ich bleibe?

Solche Fragen unterstützen Sie darin, Ihre momentane Umgebung zu eruieren. So sehen Sie klar, ob ein Sprung aus der jetzigen Position zum jetzigen Zeitpunkt sinnvoll ist.

Oft genug erleben wir bei unseren Klientinnen, dass sie bereits in die Ferne gen Taka-Tuka-Land schauen, ohne geprüft zu haben, wie es vor ihrer Nasenspitze aussieht: Ist da vielleicht eine Goldader direkt unter Ihren Füßen? Mit diesem Gedankenspiel wollen wir Sie keinesfalls vom Weiterreisen abhalten, aber womöglich gibt's im eigenen Land noch viel Neues zu entdecken.

➲ Schauen Sie auf die Webseite, ins Intranet und in den Pressespiegel Ihres Unternehmens, als würden Sie es nicht kennen. Vieles fällt im alltäglichen Allerlei gar nicht mehr auf. Ein Blick von außen auf das eigene Leben, die eigene Stadt, das berufliche Umfeld kann sehr aufschlussreich und erfrischend sein.

➲ Lassen Sie sich von fünf Kollegen aus unterschiedlichen Hierarchiestufen mit unterschiedlichen Aufgabenbereichen erzählen, was diese an Ihrem Unternehmen mögen.

- ➲ Sprechen Sie mit einem Geschäftspartner Ihres Vertrauens, dem Team des Talentmanagements oder der Personalentwicklung, um mögliche Entwicklungschancen abzuklopfen.
- ➲ Überlegen Sie sich genau, was Sie noch hält oder was ein anderes Unternehmen unbedingt bieten müsste, damit es Ihnen dort besser geht als jetzt.

Zeit für eine neue Reiseplanung?

Sind Sie schon seit über fünf Jahren in einem Unternehmen, ohne dass für Sie ein Schritt nach vorne möglich war? Dann ist es sicherlich an der Zeit, Ihre Führungskraft in einem Gespräch um Transparenz zu bitten: Welche Steps sind für Ihre weitere Karriere im Unternehmen geplant? Ähnliches gilt für den Fall, sollte man Ihnen schon seit Längerem dröge Arbeiten und Projekte zuschieben, die Ihre Position weder aufwerten noch sichtbar machen noch einen Wissenszugewinn darstellen. Diese Gespräche fallen nicht jedem gleich leicht – im Gegenteil: Gerade Frauen haben häufig Schwierigkeiten damit, ihr eigenes Können und ihre Ideen (und darauf kommt es jetzt an!) zu verkaufen und eine entsprechende Position zu beziehen. Karrieregespräche sind immer auch interne Vorstellungsgespräche – und von daher mit einem hohen Stressfaktor verbunden. Deshalb haben wir Ihnen ein paar Tipps zusammengestellt, mit denen Sie gut vorbereitet sind.

Vor dem Karrieregespräch

1. Wählen Sie, wenn möglich, einen günstigen Wochentag und Zeitpunkt für das Gespräch, damit Ihr Gesprächspartner ganz bei der Sache ist. Ungünstig: Montage und Freitage

sowie Termine frühmorgens, spätnachmittags und zur Mittags-/Essenszeit. Günstig: zum Beispiel Mittwoch um 10 Uhr.

2. Suchen Sie im Internet – auch in den Social Media – nach Informationen über den Bereich, den Sie anstreben, oder die Teams, mit denen Sie in Zukunft gerne arbeiten würden. Viele Unternehmensbereiche nutzen inzwischen Facebook und Co., um bestimmte Informationen und Standpunkte zu verbreiten. Das gibt Ihnen gegebenenfalls einen Informationsvorsprung! Auch persönliche Profile sowie Auftritte/Vorträge Ihrer Gesprächspartner können für Sie interessant sein.

3. Checken Sie Ihren Lebenslauf: Zu welchen Stationen sind schwierige Nachfragen denkbar? Legen Sie sich eine überzeugende Antwort zurecht.

4. Denken Sie gut über Ihre Schwächen nach. Fragen in diese Richtung sind beliebt in Karriere- beziehungsweise internen Vorstellungsgesprächen. Finden Sie Antworten, die Ihrem Gesprächspartner zeigen, dass und wie Sie an Ihren Schwächen arbeiten. Vielleicht haben Sie auch ein Beispiel für eine frühere Schwäche parat, die Sie inzwischen in eine Stärke umwandeln konnten.

5. Spielen Sie das Gespräch vorab mit einem oder mehreren vertrauenswürdigen Menschen durch.

Im Gespräch

1. Tragen Sie Kleidung, die passt: Grelle Details lenken entweder ab oder sind eine Geschichte, die Sie erzählen könnten und Sie interessant macht. Auffällige Accessoires und abstehende Zöpfe? Dazu bedarf es einer Strategie, denn »nur so« getragen sorgen sie für unnötige Irritation bei Ihrem Gegenüber.

2. Erzählen Sie Ihre eigene Lebensgeschichte, statt Ihren Lebenslauf aufzusagen. Den hat Ihr Gesprächspartner ja schon gelesen. Interessant wirken Sie, wenn Sie über Ihre Motivation, Ihre ersten Impulse (zum Beispiel schon in der Kindheit), Ihren Werdegang aus persönlicher Sicht berichten können. Daraus kann Ihr Gesprächspartner dann auch ableiten, warum es für beide Seiten richtig sein könnte, wenn Sie die (Be-)Förderung erhalten.

3. Finden Sie konkrete Positivbeispiele aus Ihrem Berufsleben, um Ihre Stärken zu unterstreichen. Erinnern Sie sich zum Beispiel an eine komplexe Aufgabe und wie (mithilfe welcher Fähigkeiten) Sie zu einer Lösung gekommen sind.

4. Bei schwierigen (Fach-)Fragen hilft es, laut zu denken und sich Zeit zu lassen. Statt auf solche Fragen wie aus der Pistole geschossen, aber womöglich daneben zu antworten, lassen Sie Ihr Gegenüber lieber an Ihrem Denkprozess teilhaben. Das strahlt Souveränität aus.

5. Stellen Sie viele interessierte Fragen! Wenn Sie geschickt sind, weisen Ihre Fragen sogar auf eine eigene Stärke hin. So könnten Sie beispielsweise Ihr freiwilliges Engagement für eine Sache im jetzigen Betrieb oder Ihre erfolgreiche Teilnahme an Fortbildungen erwähnen und sich erkundigen, ob so etwas auch in Zukunft für Sie möglich wäre. Zeigen Sie Ihre Neugier auf Ihren Beruf und den Wunsch, sich weiterzuentwickeln.

6. Präsentieren Sie Ihre »Sommersprossen«. Jeder Mensch hat Talente, Macken, Schwächen. Wer über sich selbst lachen kann, kleine Schwächen und Fehler menschlich nimmt und in der Lage ist, sich selbst zu verzeihen, hat gute Chancen, auch von anderen gemocht zu werden. Schließlich ist es wunderbar entspannend, Menschen zu begegnen, die sich trotz kleiner Fehler mögen, weil es uns dann umso leichter fällt, ebenfalls zu den eigenen Schwächen zu stehen.

Gespräch geschafft! Und jetzt?

Wenn Sie sich im Nachgang zu Ihrem Termin persönlich bei Ihrem Gesprächspartner bedanken – am besten per E-Mail –, hinterlässt das mit Sicherheit einen besonders guten Eindruck. Wenn es sich anbietet, sollten Sie auf ein paar Gesprächsdetails eingehen, statt ein rein formales, hölzernes Dankesschreiben zu formulieren.

Falls das Karrieregespräch nicht so verlief, wie Sie es sich vorgestellt hatten: Seien Sie nicht allzu betrübt. Personaler oder Vorgesetzte kommen gerne auf Angebote zurück, die grundsätzlich einen positiven Eindruck hinterlassen haben. Es kann also gut sein, dass Sie bei der nächsten Gelegenheit wieder zum Gespräch gebeten oder spontan angesprochen werden – und damit eine neue Chance bekommen! Und wenn nicht: Taka-Tuka-Land, das Traumland Ihrer Karriere, gibt es auf der ganzen Welt!

11

Pippilotta to go: Elf Impulse für Ihren (Berufs-)Alltag

Um als Pippilotta erfolgreich durch die Welt zu hüpfen, brauchen Sie nicht nur viel Humor, sondern sollten auch kritisches Feedback aushalten können. Vermutlich kommen nicht alle Mitmenschen, FreundInnen oder KollegInnen auf Anhieb mit Ihrem (neuen) Selbstbewusstsein und Ihrer inneren Stärke klar ... Macht nix: Sie haben ja Zöpfe und können mit Megakräften kontern. Damit Sie bestens ausgerüstet sind für Ihren neuen ringelbestrumpften Weg durch den (Berufs-)Alltag, möchten wir Ihnen etwas »Pippilotta to go« für unterwegs mitgeben.

Das Pippi-Starter-Set enthält elf Impulse, die ...

- sich schnell und unkompliziert umsetzen lassen.
- überall und jederzeit funktionieren.
- Ihren Mut auffrischen, auch ungewohnte Richtungen einzuschlagen.

1. Hinterlassen Sie Eindruck!

Auch ohne sichtbare Pippilotta-Signale können Sie punkten, und zwar mit Ausstrahlung, Körperhaltung, Mimik, Stimme, Gestik und Auftreten. Hier eine kurze Zusammenfassung, die gefaltet in jeden Geldbeutel und in jeden Winkel Ihres Gedächtnisses passt.

Körperhaltung

Machen Sie sich nicht klein. Versuchen Sie, stabil, aber entspannt und gerade auf beiden Beinen zu stehen. So fließt auch der Atem am besten.

Gestik

Halten Sie die Hände möglichst locker, etwa in der Körpermitte, und wenn Sie an einem Tisch sitzen: Die Hände immer auf den Tisch. Ruhige Hände vermitteln Kompetenz und sind – in Verbindung mit einer ruhigen Stimme – absolute Winning-Tools. Sollten Sie zu wildem Gestikulieren neigen, nehmen Sie einen Marker oder Stift in die Hand, das beruhigt. Aber Vorsicht: Nicht mit dem Kugelschreiber knipsen!

Mimik

Blicken Sie Ihrem Gegenüber beim Sprechen gelassen in die Augen, und lächeln Sie nur, wenn es wirklich etwas zu lächeln gibt. Konzentration auf die Inhalte verhindert das Luftwandern der Augen.

Stimme

Sagen Sie einmal laut »Hm« oder »Aha«. Automatisch wählen wir dabei den Tonbereich, in dem unsere Stimme einen angenehmen Klang erzeugt. Versuchen Sie, diese Tonlage in Gesprächen und bei Vorträgen zu treffen, indem Sie kurz zuvor ein paarmal lange »Hmmmms« üben. Und lockern Sie vor wichtigen Gesprächen Ihren Mund: Zunge herausstrecken oder gähnen.

Sie haben eine eher leise Stimme? Sprechen Sie bewusst deutlich. Stellen Sie sich auch in kleinen Räumen vor, Sie befänden sich in einem Saal und müssten jemanden in der hintersten Ecke erreichen.

Sie neigen dazu, zu schnell zu reden? Bauen Sie gezielt Pausen ein, entweder nach einem wichtigen Wort oder am Satzende.

2. Formulieren Sie klare Sätze!

Kommunikation gelingt am besten, wenn sie klar ist. Klingt einfach, ist im Büroalltag aber alles andere als der Normalfall. »Könnte man nicht, falls die Zeit reicht, eventuell noch eine Sitzung einberufen, um über die anstehenden Aufgaben zu sprechen?« »Man«, „könnte«, »eventuell« ... Was war noch mal das Thema in diesem Satz? Und wer hat was gewollt? Eindeutig wäre zum Beispiel: »Ich werde abfragen, ob eine Teamsitzung sinnvoll ist.«

Klartext reden Sie, wenn Sie die folgenden Punkte beachten:

- Sortieren Sie vorab Ihre Gedanken. Um was geht es?
- Komprimieren Sie Ihre Idee auf zwei bis drei Hauptargumente. Antworten Sie lieber auf Nachfragen, als Ihre Zuhörer mit Doppelungen zu langweilen.
- Vermeiden Sie Konjunktiv-Formulierungen mit »hätte«, »sollte«, »würde« ...
- Verzichten Sie auf Floskeln wie »jeder« oder »man«. Sagen Sie »ich« beziehungsweise nennen Sie Personen, von denen Sie sprechen, mit Namen.

3. Vertreten Sie Ihren eigenen Standpunkt!

Anliegen kommen selbstbewusst und glaubhaft rüber, wenn Sie für sich folgende Punkte geklärt haben:

- Was ist das Thema? Was ist Ihr Wunsch? Um welche Verbesserungen geht es?
- Bei Krisengesprächen: Gibt es Rechte, die Sie kennen sollten? Gibt es beratende Stellen, die eingebunden werden können?
- Benötigen Sie noch Informationen?
- Fallen Ihnen drei konstruktive Lösungsvorschläge ein, die Sie in das Gespräch einbringen können?

Während des Gesprächs:

- Überprüfen Sie immer wieder Ihre Körperhaltung und Stimmlage.
- Die gute Vorbereitung verhilft Ihnen zu mehr Selbstsicherheit: das A und O, sollte das Gespräch ins Stolpern geraten.

Nützliche mentale Übung

Stellen Sie sich bereits zu Hause einen perfekten Gesprächsverlauf vor.

4. Hören Sie zu und stellen Sie Fragen!

Auch Zuhören will gelernt sein. Wer auf sein Gegenüber eingehen kann, schafft Vertrauen und vermeidet Konflikte. Was der andere Ihnen entgegnet, sagt viel über seine Motive und Gefühle.

- Hören Sie genau hin. Was wird gesagt? Und wie? Achten Sie dabei nicht nur auf die Worte, sondern vor allem auf das, was Ihre Sinne wahrnehmen: Wie klingt die Stimme des anderen? Wohin geht sein Blick? Wie ist seine Körperhaltung?

- Lassen Sie Ihren Gesprächspartner ausreden. Versuchen Sie, Verständnis dafür aufzubringen, wenn jemand langsamer spricht oder etwas umständlich formuliert, und bleiben Sie auf jeden Fall präsent im Gespräch, statt aus dem Fenster zu sehen oder in Ihren Unterlagen zu stöbern. Verkneifen Sie sich auch, den Satz des anderen für ihn zu Ende zu führen.

- Zeigen Sie Ihrem Gegenüber mimisch, dass Sie bei der Sache sind. Das gelingt natürlich am authentischsten, wenn Sie ein wirkliches Interesse finden und während des Gesprächs keine inneren Dialoge führen.

- Sie haben etwas nicht verstanden? Haken Sie in der nächsten Gesprächspause nach, aber kommentieren Sie nicht. Wer seinem Gesprächspartner voreilig in den Gedanken fällt und mit »Ja« oder »Nein« antwortet, bringt sich oft um wertvolle Informationen und verärgert unter Umständen sein Gegenüber. Interpretieren Sie nicht, was der andere meinen könnte, sondern konzentrieren Sie sich auf die Informationen, die Sie bekommen. Oder fragen Sie nach.

Geschlossene Fragen werden mit »Ja« oder »Nein« beantwortet und bringen für das Verständnis nicht viel.

Offene Fragen (die typischen W-Fragen: Wer? Was? Wann? Wie? Wo?) ermutigen Ihr Gegenüber, mehr von sich zu erzählen.

Entweder-oder-Fragen bieten eine Alternative an. (»Möchten Sie jetzt darüber reden oder heute gegen 14 Uhr?«)

Rückversicherungsfragen formulieren das Gesagte zu einer Frage (»Habe ich Sie richtig verstanden, dass …?«).

Suggestivfragen sind dem Gegenüber eher lästig, da es sich dadurch bedrängt fühlen kann. Beispiel: »Also ich finde diese Lösung perfekt, Sie doch sicher auch?«

Auf den Punkt gebracht: Wenn Sie nachfragen, sollten Sie sich auch für die Antwort interessieren! Haben alle Beteiligten den Eindruck, dass es um wirkliche Verständigung geht, sind sie meist zur Lösungssuche bereit und teilen sich eher mit.

5. Meistern Sie kritische Gesprächsverläufe!

Ob im Vieraugengespräch oder im Meeting: Manchmal kommt es vor, dass Ihre Ideen abgeblockt werden oder Konflikte auftauchen, bevor Sie alle guten Argumente darlegen konnten. Dann ist es sinnvoll, erst einmal Paroli zu bieten, statt gleich klein beizugeben.

1. Punkten Sie mit Sachlichkeit, indem Sie neue Tatsachen bringen: »Studie XY belegt, dass …«

2. Stellen Sie Fragen, zum Beispiel: »Was meinen Sie damit?« Oder: »Welche Bedenken haben Sie konkret?«

3. Machen Sie auf die Spielregeln aufmerksam, die hoffentlich auch in Ihrem Unternehmen gelten (zum Beispiel den anderen ausreden lassen!).

4. Fragen Sie nach Beispielen, um besser zu verstehen.

5. Können Sie den anderen etwas anbieten, um Entgegenkommen zu signalisieren?

6. Bemühen Sie sich, auch bei Provokationen ruhig zu bleiben.

7. Hüten Sie sich davor, andere zurechtzuweisen. Sätze wie »Kommen Sie mal wieder runter!« sind in der Regel kontraproduktiv.

8. Vergewissern Sie sich, dass alle Beteiligten vom selben Gegenstand sprechen: Fassen Sie das Gesagte noch mal mit eigenen Worten zusammen.

6. Sagen Sie Nein, wenn Sie Nein meinen! Und Ja, wenn Sie Ja wollen!

Steht eine Bitte im Raum, hören sich viele vorschnell Ja sagen, obwohl sie vielleicht gar nicht direkt angesprochen wurden. Zu einem Nein müssen sich die meisten eher überwinden. Der Grund ist häufig das Gefühl, es anderen recht machen zu müssen und verantwortlich zu sein.

Das kann Ihnen helfen, ein Nein zu formulieren:

- Zeigen Sie bei rücksichtslosem Verhalten und Unverschämtheiten klar die Grenzen auf: Sagen Sie Nein, und zwar ohne Begründung.

- Sie wollen ein Projekt ablehnen? Dann begründen Sie: »Ich kann die Aufgabe nicht übernehmen, denn dazu fehlt mir ... (Arbeitszeit, Material, Technik, Know-how).

- Haben Sie gerade zu viele Jobs auf dem Tisch? Diskutieren Sie die Prioritäten und sprechen Sie sich mit den KollegInnen ab.

- Bieten Sie eine Alternative, indem Sie sagen: »Stattdessen sehe ich folgende Möglichkeit ...«

Eine begründete Absage ist kein Nein, sondern eine Aufforderung zur Reflexion und insofern eine sinnvolle, da weiterführende Reaktion. Sollten Sie ein Ja verspüren, dann halten Sie sich nicht selbst ab, sondern greifen Sie zu.

7. Unterscheiden Sie Feedback von Fiesback!

Echtes und durchdachtes Feedback ist im Job von großer Bedeutung, denn es hilft Ihnen, blinde Flecken sichtbar zu machen und das persönliche Auftreten zu verbessern. Damit ein Feedback unterstützend wirkt, muss es allerdings vorab erbeten werden. Zum Beispiel: »Ich halte morgen eine Präsentation, würdest du mir eine Rückmeldung zu meiner Wirkung geben?« – und Ihr Gegenüber ist dabei um folgende Regeln bemüht:

Echtes Feedback ist:

- wohlmeinend

- lösungsorientiert

- unterstützend

- aufklärend

- mitfühlend
- hilfsbereit
- niemals von oben herab
- sachlich und neutral

Ihr Part, wenn Sie Feedback erhalten:

- Hören Sie aufmerksam zu.
- Vermeiden Sie Rechtfertigungen, auch wenn es Sie noch so juckt. Verteidigen Sie sich nicht.
- Fragen Sie nach, wenn Ihnen etwas unklar ist.
- Suchen Sie nach Lösungen und Kompromissen.
- Bedanken Sie sich für die Rückmeldungen und Anregungen, aber seien Sie ruhig ehrlich dem anderen gegenüber: Sagen Sie ihm, wie es Ihnen damit geht.
- Der andere hat Ihnen seine persönliche Meinung mitgeteilt. Prüfen Sie nun, was Sie davon annehmen möchten.

Ungefragtes Feedback hingegen kommt eher als Fiesback daher. Meist will jemand damit seinen Ärger loswerden und Luft ablassen. Es ist also in der Regel besserwisserisch, von oben herab und alles andere als mitfühlend.

Bietet Ihnen jemand Feedback an, dann nehmen Sie das Angebot nur dankbar an, wenn Sie von diesem Menschen zu diesem Thema ein Feedback hören möchten.

Sollten Sie, zum Beispiel als Vorgesetzte, ein Feedback geben wollen, beachten Sie, dass konstruktive Rückmeldungen und überdachte konkrete Beispiele förderlicher sind als launige Rückmeldungen.

- Wählen Sie eine ruhige Minute, um sich bei Ihrem Gegenüber zu erkundigen, ob Interesse an einem Feedback besteht.

- Überlegen Sie genau, was Sie rückmelden möchten; überprüfen Sie, ob es sich um echtes Feedback handelt.

- Formulieren Sie die Rückmeldung ohne Vorhaltungen oder Vorwürfe. Bleiben Sie auf der Sachebene.

- Senden Sie Ich-Botschaften: »Ich beobachte, dass … «, statt: »Sie machen dauernd …«

- Sollten Sie eine Verhaltensänderung wünschen, suchen Sie das Verständnis. Bespiel: »Sie lachen gerne, aber im Großraumbüro kann das zuweilen stören. Was meinen Sie, wie können wir da vorgehen, ohne dass Sie Ihren Spaß bei der Arbeit verlieren?« Formulieren Sie das, was Sie sich wünschen, und nicht das, was ein anderer tun oder lassen soll. Hilfreich sind Bezüge zu Situationen, in denen es »schon mal klappte«. Beispiel: »Mir hat Ihr Engagement in dem Projekt XY gut gefallen. Ich fände es toll, Sie auch bei diesem Projekt so engagiert im Boot zu wissen.«

8. Brechen Sie Regeln!

Als Pippilotta ist Ihnen klar: Der schnurgerade Weg führt nicht immer nach oben.

Wer hingegen die eine oder andere Regel übertritt, zieht Blicke auf sich und macht deutlich: I'm different. Pippilottas wissen: Das ist eine Qualität!

Vor allem in den Führungsetagen fallen die Damen und Herren aus dem Winterschlaf, wenn endlich einmal jemand vor ihnen steht, der sich nicht politisch korrekt verhält, der spannend statt langweilig ist, der nicht nach dem Mund redet, der nicht taktiert. Probieren Sie es aus!

9. Verlieben Sie sich!

Die schönste Kraft in unserem Alltag ist der Flirt oder eine kleine Liebe. Wir haben strahlende Augen und dieses herrliche Herzklopfen, während wir über eine berufliche Idee nachdenken. Kein Mensch ist uns zu fremd, keine Aufgabe zu trocken, kein Himmel zu wolkig, um uns – und sei es nur für ein paar Sekunden – verliebt zu machen. Entscheiden Sie sich für dieses Gefühl: Liebe ist vielfältig und genau die Energie, die Sie bewegt und kreativ macht. Liebe macht uns neugierig ... Und wer sagt denn, dass man sich nur in andere Menschen verlieben darf? Verlieben Sie sich immer wieder neu und voller Hingabe, am besten Tag für Tag – auch in sich selbst. Mit diesem Schwung bekommen Sie Hürden gewuppt und sprengen gläserne Decken.

10. Schauen Sie ab und zu einfach in die Luft!

Manchmal braucht es eine Pause – und auch hier dürfen wir von Pippi Langstrumpf lernen. Es muss nicht immer etwas Produktives geschehen. Muße nannte man das früher. Ins Blaue schauen, sagten unsere Eltern dazu. Auch Tagträumen ist ein gängiger Begriff für jenen wonnevollen Zustand, in dem wir nichts beabsichtigen und nichts wollen.

In unserer ach so effizienten Welt haben wir es fast schon verlernt, einfach einmal genießerisch in die Luft zu schauen. Wenn es also um echte Pausen geht, tut ein bisschen Pippi sehr gut. Wir können uns vorstellen, wie sie auf einem Baum sitzt, auf die Welt schaut und die Beine baumeln lässt. In dieser Ruhe und Entspanntheit scheint sich innerlich etwas zu ordnen, kreative Prozesse erblühen ... Gönnen Sie sich deshalb auch im Job immer wieder Auszeiten:

- mit einem Becher heißen Tee auf der Terrasse (besonders erquickend an sonnigen Wintertagen),
- bei einer Mittagspause im Park statt in der Kantine,
- durch den minutenlangen Blick aus dem Bürofenster in den Himmel, wo Sie den Wolken folgen,
- bei einem Spaziergang am Kanal,
- mit einer Meditation.

Es geht also um innere und äußere Wohlfühlräume, die uns erfüllen, inspirieren, erfrischen.

11. Bleiben Sie immer auch ein bisschen Kind!

Wie Tommy und Annika am Ende der Pippi-Geschichten: Ihr kleiner Garten Eden ist die Vorstellung, niemals erwachsen zu werden und Pippi stets an ihrer Seite zu haben. Darauf schwören sie sich mit »Krummeluspillen« ein und genießen hinterher die Sicherheit, etwas für ihr persönliches Paradies getan zu haben.

»Sie standen stumm da und schauten in den Winterabend hinaus. Die Sterne leuchteten über dem Dach der Villa Kunterbunt. Dort war Pippi. Sie würde immer da sein.«[34]

Und sie malen sich aus, wie schön es wäre, niemals richtig erwachsen zu werden, sondern Jahr für Jahr zusammen mit ihrer außergewöhnlichen Freundin Abenteuer und andere lustige Dinge zu erleben. Ideen haben sie mehr als genug …

Selbst-Test: Wie viel Pippilotta sind Sie schon?

Sind Sie längst eine Pippilotta? Sind Sie bereits auf einem guten Weg? Was braucht es noch, um eine Pippilotta zu sein?

Wir haben hier einige Situationen zusammengetragen, die Sie sich am besten im eigenen Umfeld vorstellen, um sie dann, nach kurzem Nachspüren, für sich selbst einzuschätzen.

Dabei gibt es kein Richtig oder Falsch, weder besonders gute Auswertungen noch schlechte. Sinn und Zweck der Übung: für sich zu schauen, wo man »pippilottamäßig« steht.

Als eine interessante Aufgabe in Ihrer Abteilung zu vergeben ist, melden Sie Ihr Interesse sofort an, ohne erst einmal auszukundschaften, wer außer Ihnen diesen Job noch will.

0 .... 50 100
Mach ich nicht. Vielleicht. Klar!

Ihr Freund reagiert irritiert, als Sie ihm eröffnen, aus beruflichen Gründen ein halbes Jahr ins Ausland gehen zu wollen. »Muss das sein?«, will er von Ihnen wissen. Sie schlagen ihm vor, er könne ja in seinem Job pausieren und Sie begleiten.

0 .... 50 100
Mach ich nicht. Vielleicht. Klar!

Alle Frauen in Ihrer Abteilung tragen meist Hosenanzüge. Sie präferieren Kleider. Wie wahrscheinlich ist das?

0 .... 50 100

Mach ich nicht. Vielleicht. Klar!

Als Sie Ihr Jahresgespräch haben und Ihr Vorgesetzter/Ihre Vorgesetzte Ihnen eine Gehaltserhöhung anbietet, antworten Sie: »Das ist super, aber zu wenig.«

0 .... 50 100

Mach ich nicht. Vielleicht. Klar!

Obwohl alle Kolleginnen eher Kleidung in gedeckten Farben tragen, wählen Sie jeden Tag gezielt einen bunten Tupfer.

0 .... 50 100

Mach ich nicht. Vielleicht. Klar!

Ihre Mutter wünscht sich von Ihnen, dass Sie endlich vernünftig werden und Ihr Leben ändern. Ihre Reaktion: »Ich verstehe dich. Du darfst dir das wünschen. Aber nicht jeder Wunsch wird einfach erfüllt.«

0 .... 50 100

Mach ich nicht. Vielleicht. Klar!

Die Weihnachtsfeier ist immer schön, fängt aber Jahr für Jahr extrem langweilig mit diversen Reden an. Darum kommen Sie erst, wenn die Reden vorbei sind.

0 .... 50 100

Mach ich nicht. Vielleicht. Klar!

»Kannst du dich nicht einfach uns anschließen und mit uns allen wandern gehen?«, fragt Sie eine Freundin, die eigentlich wissen müsste, dass Sie lieber alleine losziehen. Sie lächeln und sagen: »Ach, du weißt doch, wie merkwürdig ich bin.«

0 .... 50 100

Mach ich nicht. Vielleicht. Klar!

Obwohl Sie eine Verabredung fest zugesagt haben, trauen Sie sich, diese auch wieder abzusagen. Ohne Ausrede.

0 .... 50 100

Mach ich nicht. Vielleicht. Klar!

Ihre Kollegin will Sie für eine Entscheidung gewinnen, hinter der Sie nicht stehen. Obwohl dicke Luft zu erwarten ist, sagen Sie einfach: »Nein. Wenn du magst, nenne ich dir auch die Gründe.«

0 .... 50 100

Mach ich nicht. Vielleicht. Klar!

Sie sind selbstständig und müssen sich bei den Treffen Ihres Netzwerkes ständig anhören, wie toll der Umsatz dieses Jahr bei den anderen ist und dass schon jetzt Bestellungen für das nächste Jahr eingehen. Sie steigen in dieses Konkurrenzkarussell nicht ein; stattdessen erzählen Sie von Ihren Urlaubsplänen.

0 .... 50 100

Mach ich nicht. Vielleicht. Klar!

Man hat Ihnen zugetragen, dass eine Kollegin nicht gut über Sie spricht. Obwohl diese Frau Sie ignoriert und meidet, grüßen Sie sie jeden Tag freundlich und halten Ihr die Tür auf.

0 .... 50 100

Mach ich nicht. Vielleicht. Klar!

Ihr Vorgesetzter/Ihre Vorgesetzte möchte, dass Sie im Team eine andere, leider unspektakuläre Aufgabe übernehmen. Sie antworten: »Auf keinen Fall!«

0 .... 50 100

Mach ich nicht. Vielleicht. Klar!

»Wenn Sie sich nicht grundlegend ändern, müssen wir uns von Ihnen trennen.« Darauf reagieren Sie nicht irritiert, sondern fragen sachlich und konzentriert nach den Gründen.

0 .... 50 100

Mach ich nicht. Vielleicht. Klar!

In einer Gruppe fallen Sie den anderen auf, egal, was Sie tun. Dann ist es halt so!, freuen Sie sich und machen Sie sich gleich noch ein bisschen größer.

0 .... 50 100

Mach ich nicht. Vielleicht. Klar!

Als Sie den Abteilungsleiter Ihrer Gruppe treffen, begrüßt Sie dieser mit den Worten: »Na, Ihre Probezeit ist ja nun bald um.« Sie antworten ihm ruhig: »Das stimmt. Ihre auch.«

0 .... 50 100
Mach ich nicht. Vielleicht. Klar!

»Das Zimmer ist aber für Sie vorgesehen«, reagiert das Hotel auf Ihre Beschwerde. »Kann schon sein«, antworten Sie. »Aber ich möchte ein anderes, und das ist mein Recht.«

0 .... 50 100
Mach ich nicht. Vielleicht. Klar!

Sie werden gefragt, was Sie sich zum Geburtstag wünschen. »Eine ganze Menge!«, sagen Sie und sind bereit, die Wünsche aufzuzählen.

0 .... 50 100
Mach ich nicht. Vielleicht. Klar!

»Meine Güte, bist du hartnäckig!«, spiegelt Sie ein Freund. »Stimmt«, antworten Sie. »Ich weiß, was ich will – und werde es mir holen.«

0 .... 50 100
Mach ich nicht. Vielleicht. Klar!

Alles kleine Situationen, die nicht einfach mit »Ja« oder »Nein« zu beantworten sind, die Ihnen allerdings ein Gefühl dafür vermitteln können, ob Sie schneller als nötig mit Anpassung, Scheu oder Zurückhaltung reagieren. Und Sie bekommen ein Gefühl dafür, wie es für Sie ist, eine »Extrawurst« zu haben oder so etwas wie das »schwarze Schaf« zu sein.

Ein Blick auf Ihre Skalierungen zeigt Ihnen allein optisch auf, wie sehr Sie schon eine Pippilotta sind. Wir haben auf eine Auswertung verzichtet, weil Sie individuell sind und nicht mit anderen vergleichbar. Sie haben eine Selbsteinschätzung vorgenommen. Der Test wird Sie also vermutlich zum Nachdenken verführt haben, das ist uns Auswertung genug. Sollten Sie sich dabei ertappt haben, dass Sie viel zu häufig nachgeben oder Rollen/Aufträge übernehmen, die Sie eigentlich nicht wollen, wissen Sie nun, dass Sie auf dem »Pippilotta«-Weg sind. Denn allein das Erkennen sorgt dafür, dass etwas in Bewegung gerät und sich verändert.

Im Übrigen ist keine von uns je eine 100-prozentige Pippilotta. Auch Pippi Langstrumpf selbst nicht. Dafür macht ihr das Unperfekte viel zu viel Spaß. (Die Sommersprossen im Gesicht des Lebens!)

Sollten Sie bei diesem Test den Eindruck gewonnen haben, es gäbe da noch ein bisschen was für Sie zu tun, weil Sie gerne mehr Pippilotta wären, dann hätten wir da etwas für Sie ...

Aufforderung zur Aufmüpfigkeit

Nach Erscheinen des Buches *Das Pippilotta-Prinzip* wurden wir von der Presse gefragt, ob wir die Frauen dazu ermutigen wollten, anderen auf die Nerven zu gehen, indem sie sich inadäquat verhalten und Grenzen überschreiten. Wir erklärten damals, dass wir schon froh seien, wenn Frauen überhaupt erst mal bis an ihre Grenzen gingen und nicht vor lauter Höflichkeit und vorauseilendem Gehorsam 50 Meter davor stehen blieben.

Wenn wir Sie also um mehr »Aufmüpfigkeit« bitten, dann geht es uns sicher nicht darum, dass Sie jemandem auf die Füße treten, Hilfe verweigern oder unverschämt werden. Allerdings fordert es uns heraus, immer und immer wieder zusehen zu müssen, wie Frauen zu schnell klein beigeben, statt auf ihr Recht zu bestehen; lieber verzichten sie um des lieben Friedens willen auf ihren verdienten Anteil. Und da wir *Pippilotta*-Autorinnen nun einmal im Dienste der Ringelstrümpfe unterwegs sind, wollen wir Sie auch auf dem Weg begleiten, dessen Wegweiser lautet: »Ich lass mich nicht mehr verunsichern und weiß, was ich will.«

- Verena will eigentlich noch mal ins Restaurant zurück, da sie das Gefühl hat, das Wechselgeld nicht eingesteckt zu haben. »Du immer mit deiner Paranoia. Mach lieber zu, der Zug kommt gleich!« Verena schiebt ihr Gefühl beiseite, beeilt sich, um nicht panisch zu wirken. Den Zug haben sie erreicht, doch die 55 Euro Wechselgeld sind futsch.

- »Diesmal mach ich weder einen Salat noch einen Kuchen«, nimmt sich Nina vor, als es wieder auf die Sommerparty ihres Sportvereins zugeht. »Wer bringt Kuchen mit?« Der Trainer blickt den anwesenden Frauen prüfend ins Gesicht. Als sein Blick auf Manuela fällt, hörte diese sich selbst laut und deutlich »Ich mache zwei!« in die Runde werfen.

- »Nehmen Sie mal den Fuß vom Gas«, rät Riekes Vorgesetzter. »Sie mit Ihrem permanenten Drang, sich weiterzuentwickeln. Jetzt sind erst mal die anderen mit Fortbildungen dran. Beruflich ist bei Ihnen eh nicht mehr viel Luft nach oben.«

Schluss damit!

Oft werden uns solche Situationen in Seminaren erzählt – und auf einmal wird es ungewöhnlich still im Raum. Die Frauen fragen sich, warum sie nicht keifen, argumentieren, verbal zurückschlagen, sondern weiter brav und lammfromm wie Annika ihre »Hausaufgaben« machen. Selten steckt dahinter Feigheit; meist handelt es sich um ein ungesundes Geschwulst der an sich sympathischen Einstellung »Ach, gib einfach mal nach«. Wenn Peter doch so gerne Cabrio fährt und die Freundin Sorge hat, den Zug zu verpassen ... Frauen möchten in der Regel so etwas wie eine »Pippilotta im Lammfell« sein: Sie wollen nicht unangenehm auffallen, nicht als anstrengend empfunden werden, weder als zickig noch als spießig gelten. Auch Christine tappte jüngst in solch eine Falle. »Ach, hier auf dem Campingplatz musst du das Fahrrad doch nicht anketten. Sind doch alles Camper hier. Am nächsten Morgen war das geliebte Fahrrad weg und Christine ärgerte sich doppelt, zum einen über den Diebstahl, zum anderen über sich selbst. »Ich wollte in dem Moment nicht die blöde Spießerin sein. Das hab ich jetzt davon!«

Es ist schwierig, bei sich zu bleiben, wenn ein anderer sagt: »Wie bist du denn drauf? So komisch hat sich ja noch nie jemand benommen ...« Als Kind bekamen wir zu hören: »Stell dich nicht so an!«, »Sei brav!«, »Mach, was ich dir sage!«, »Der Klügere gibt nach!«. Viele von uns wurden wie »ein typisches Mädchen« erzogen. Sittsam, still und leise. Unsere Brüder hingegen wurden eher aufgefordert, mal mit dem Vater zu ringen oder gegen ihn beim Fußball anzutreten. Und natürlich »gewannen« sie möglichst oft, um ihr männliches Selbstbewusstsein zu kräftigen.

So extrem ist das heute zum Glück nicht mehr, und doch spüren wir eine Menge Wut bei den Frauen, wenn sie im geschützten Rahmen die Gelegenheit bekommen, sich Luft zu machen, »Nein!« und »Schluss!« in die Welt hinauszurufen. Das ist es, was wir von Pippi Langstrumpf lernen können: dieses Nein, die klare Ansage »Das darfst du mit mir nicht machen«, sich zu wehren, bei sich zu bleiben und auf dem eigenen Standpunkt zu beharren.

Der kleine Pippilotta-Bodyguard

Für das Pippilotta-Projekt ist es schon sinnvoll, mit kleinen Verweigerungen zu beginnen und so den schlaffen Aufmüpfigkeitsmuskel zu trainieren. Fangen wir mit dem Schmollmund an: Ziehen Sie einen Schmollmund und halten Sie ihn mindestens zehn Sekunden!

Und nun probieren Sie bei nächster Gelegenheit die folgenden Sequenzen einfach mal aus, wandeln Sie diese gegebenenfalls den Umständen entsprechend ab – und nehmen Sie die Veränderung wahr! Jeder noch so kleine Schritt in die eigene Richtung, ohne langes Abwägen, was die anderen (von uns) wollen könnten, ist ein guter Schritt.

- Trainieren Sie bei einer Sportstunde in der ersten Reihe und verlassen Sie die Gruppe nach etwa 25 Minuten, so – dass die Trainerin es bemerkt. Verzichten Sie dabei unbedingt auf entschuldigende Gesten!

- Ihnen hat das Essen im Restaurant nicht geschmeckt? Dann antworten Sie ehrlich auf die (Standard-)Nachfrage des Kellners. »Offen gestanden hat es nicht geschmeckt.« – »Das hat uns ja noch kein Gast gesagt.« – »Dann bin ich eben die Erste.«

- Sie haben noch etwas zu sagen? Dann bleiben Sie sitzen, wenn Ihr Vorgesetzter (meistens tun dies Männer) Ihnen signalisiert, dass das Gespräch beendet ist.

- Gehen Sie auch im Urlaub mit Freunden Ihres Weges. Obwohl alle anderen eine Wanderung machen wollen, entscheiden Sie sich für einen Museumsbesuch. »Das kannst du doch nicht machen!« Zeigen Sie, dass das geht und dass Sie beabsichtigen, sich zu amüsieren.

- Alle lachen, weil die kleinen Sektrunden im Büro nun mal immer lustig sind. Sie finden die meisten Späße blöd? Dann lachen Sie nicht mit. »Bist du schlecht drauf?« Kontern Sie ohne lange Erklärungen, vielleicht zwinkern Sie einfach. Aber lassen Sie sich keinesfalls zum Lachen zwingen.

Die Welt ist voll von Menschen, die davon profitieren, dass Sie so anpassungsfähig sind und es Ihnen nichts ausmacht, die eigenen Wünsche aufzugeben oder hintanzustellen. Beruflich, das hat Pippilotta Ihnen in diesem Buch vorgemacht, bringt Sie diese Angepasstheit nicht weiter. Vielmehr werden Sie weiter die Adressatin für Aufgaben sein, die jemand anderes nicht machen will. Wehren Sie sich, formulieren Sie mit Ihrer ganzen persönlichen Ausstrahlung ein »Nein!« und bestehen Sie darauf, dass Ihre Wünsche Gehör finden.

Wenn jeder zu dem steht, was er kann und will, kommen mehr Vielfalt und Farbe in die Welt.

Anmerkungen

1 Christine Weiner, Carola Kupfer: *Das Pippilotta-Prinzip*. Campus Verlag, Frankfurt 2006

2 vgl. Schulz von Thun, »Inneres Team«, http://www.schulz-von-thun.de/index.php?article_id=93, zuletzt abgerufen am 27.01.2016

3 Astrid Lindgren: *Pippi Langstrumpf – Gesamtausgabe*. Verlag Friedrich Oetinger GmbH, Hamburg 1987, S. 22

4 Lindgren (1987), S. 166

5 Lindgren (1987), S. 44

6 Lindgren (1987), S. 45

7 Lindgren (1987), S. 14

8 Lindgren (1987), S. 17

9 Lindgren (1987), S. 277

10 Lindgren (1987), S. 277

11 Lindgren (1987), S. 24ff.

12 Lindgren (1987), S. 110

13 Lindgren (1987), S. 199

14 Lindgren (1987), S. 199

15 Lindgren (1987), S. 16

16 Lindgren (1987), S. 161

17 Lindgren (1987), S. 53

18 Lindgren (1987), S. 16

19 Lindgren (1987), S. 18

20 Lindgren (1987), S. 71

21 Lindgren (1987), S. 272

22 Lindgren (1987), S. 11

23 Lindgren (1987), S. 12

24 vgl. Studie Ernst&Young: »Frauen machen Firmen erfolgreicher«, http://www.stern.de/wirtschaft/job/studie-von-ernst-young-frauen-machen-firmen-erfolgreicher-3523430.html, Stern online vom 18.01.2012, zuletzt abgerufen am 27.01.2016

25 Lindgren (1987), S. 129

26 vgl. Forsa-Studie: »Frauen nutzen berufliche Netzwerke stärker als Männer«, http://www.marketing-boerse.de/News/details/forsa-Studie---Frauen-nutzen-berufliche-Netzwerke-staerker-als-Maenner, vom 09.02.2009, zuletzt abgerufen am 27.01.2016

27 vgl. Forsa-Studie (2009)

28 Lindgren (1987), S. 227

29 Lindgren (1987), S. 225

30 Lindgren (1987), S. 290

31 Lindgren (1987), S. 355

32 Lindgren (1987), S. 104

33 Lindgren (1987), S. 103ff.

34 Lindgren (1987), S. 394f.